物流信息化系列丛书

# 单片机原理及应用

孙　媛　刘丙午　编著

机械工业出版社

本书紧密结合煤气控制器数据采集监控系统的工程设计，详细介绍了51 系列单片机的相关知识。全书分为 3 篇，共 15 章，主要内容包括 51 系列单片机基础、存储器的结构及分配、汇编语言程序设计、指令系统、定时/计数器、中断系统、串行接口，以及单片机应用系统设计概述、煤气控制器监控网络设计、煤气控制器存储器的分配、键盘接口、液晶显示、容错与数据安全、单片机应用系统设计与调试、51 内核的 ZigBee 单片机CC2430。

本书实例丰富，语言简洁，实用性强，提供了完整的汇编程序和流程图。本书可以作为单片机初学者、电子设计爱好者、电子工程师、系统开发人员的参考用书，也可以作为高等院校计算机、自动控制、电子工程等相关专业师生的参考书。

## 图书在版编目（CIP）数据

单片机原理及应用/孙媛，刘丙午编著 . —北京：机械工业出版社，2010. 9

（物流信息化系列丛书）

ISBN 978-7-111-31564-3

Ⅰ. ①单⋯　Ⅱ. ①孙⋯　②刘⋯　Ⅲ. ①单片微型计算机　Ⅳ. ①TP368. 1

中国版本图书馆 CIP 数据核字（2010）第 156529 号

机械工业出版社（北京市百万庄大街 22 号　邮政编码 100037）
策划编辑：陈玉芝　责任编辑：王华庆
版式设计：霍永明　责任校对：李秋荣
封面设计：赵颖喆　责任印制：乔　宇
三河市宏达印刷有限公司印刷
2010 年 9 月第 1 版第 1 次印刷
184mm × 260mm · 12.5 印张 · 306 千字
0001—3000 册
标准书号：ISBN 978-7-111-31564-3
定价：27.00 元

# 前　言

单片机自 20 世纪 70 年代问世以来，已对人类社会产生了巨大的影响。51 系列单片机是目前使用范围最广泛的一类微处理器，由于其具有集成度高、处理功能强、可靠性高、系统结构简单、价格低廉、易于使用等优点，使其在工业控制、智能仪器仪表、办公自动化、数控机床、家用电器等诸多领域得到广泛应用。

本书以楼宇煤气控制器数据采集监控系统为例，能使读者通过工程设计的过程理解单片机的原理。本节理论与实践有机结合，克服了只重视理论而缺少实践，或只重视实践而没有理论讲解的缺点。通过对该案例的导读，读者可以了解单片机项目开发的过程，并能够为同类型的单片机应用系统开发提供可借鉴的方法和实践经验。

本书的主要特点有：

1. 克服了以往知识点散乱，单片机的各个环节不能有机结合的缺点，力求做到围绕单片机系统项目开发展开，使读者能够通过一个案例了解同一类项目的开发过程。

2. 重点章节增加了汇编语言代码和程序流程图，便于读者完整理解单片机项目开发过程。

3. 本书以 51 系列单片机基本原理为主。由于楼宇煤气控制器数据采集监控系统采用的是 ATMEL 公司的 AT89C52（简称为 89C52）单片机，所以在有些地方是以 89C52 为具体单片机进行讲解的，目的是为了使读者更好地理解楼宇煤气控制器数据采集监控系统的开发。

4. 对于 51 系列单片机的基本原理、编程方法、基本指令系统，力求做到文字精练、知识点清晰。

本书紧密结合楼宇煤气控制器数据采集监控系统的工程设计，详细介绍了 51 系列单片机的相关知识。全书分为 3 篇，共 15 章。第 1 篇为基础篇，介绍了 51 系列单片机原理；第 2 篇为实践篇，介绍了煤气控制器数据采集监控系统的应用；第 3 篇为发展篇，介绍了 51 内核无线网络片上系统 CC2430。实践篇的各章节贯穿了煤气控制器的各个环节，使读者能够了解单片机项目开发的整个过程。该篇各章节间也相对独立，读者可根据需要选择阅读。

本书第 1~14 章由孙媛编著，第 15 章由刘丙午教授编著，全书由刘丙午教授统稿。此外，本书在编写过程中还得到了北京物资学院信息学院院领导、同事的热情支持，在此一并表示感谢。

本书得到了北京市属高等学校人才强教计划资助项目（PHR200906210）、北京市教育委员会科研基地建设项目（WYJD200902）、"十一五"国家科技支撑计划重点项目课题（2009BAH46B06）、北京市哲学社会科学规划项目（09BaJG258）、北京市教育委员会科技发展计划项目（KM200910037002）、北京高校特色专业建设项目——信息管理与信息系统特色建设项目等的资助，在此表示感谢。

由于时间紧迫，书中难免有遗漏或不足之处，恳请广大读者提出宝贵意见。欢迎读者通过邮箱 sunyuancn@ sohu. com 与作者联系。

编　者

# 目　录

前言

## 第1篇　基础篇：51系列单片机原理

### 第1章　51系列单片机基础 ············ 1
1.1　单片机概述················· 1
1.2　51系列单片机简介 ·········· 3

### 第2章　51系列单片机存储器的结构及分配 ········· 13
2.1　51系列单片机的基本存储结构 ····· 13
2.2　程序存储空间 ··········· 14
2.3　数据存储空间 ··········· 15

### 第3章　51系列单片机汇编语言程序设计 ·········· 20
3.1　程序设计简介 ··········· 20
　3.1.1　程序设计语言的种类 ······ 20
　3.1.2　汇编语言的编辑与汇编 ····· 21
　3.1.3　汇编语言的开发系统 ······ 21
　3.1.4　汇编语言的调试 ········ 22
　3.1.5　汇编语言的指令类型 ······ 22
　3.1.6　数据的表示方法 ········ 22
　3.1.7　汇编语言编程的方法和技巧 ··· 22
　3.1.8　汇编语言程序设计的步骤 ···· 23
3.2　程序设计基础 ··········· 24
　3.2.1　汇编语言的特点 ········ 24
　3.2.2　汇编语言的语句格式 ······ 24
3.3　伪指令 ·············· 25
3.4　程序设计结构 ··········· 27
　3.4.1　顺序程序的设计 ········ 27
　3.4.2　分支程序的设计 ········ 28
　3.4.3　循环程序的设计 ········ 30
　3.4.4　查表程序的设计 ········ 34
　3.4.5　子程序的设计 ········· 37
　3.4.6　散转程序的设计 ········ 41

### 第4章　51系列单片机的指令系统 ······ 45
4.1　指令格式 ············· 45
4.2　指令符号 ············· 47
4.3　寻址方式 ············· 47
　4.3.1　立即数寻址 ·········· 48
　4.3.2　直接寻址 ··········· 48
　4.3.3　寄存器寻址 ·········· 49
　4.3.4　寄存器间接寻址 ········ 49
　4.3.5　变址寻址（基址寄存器＋变址寄存器间接寻址）··· 50
　4.3.6　相对寻址 ··········· 50
　4.3.7　位寻址 ············ 50
4.4　51系列单片机的基本指令系统 ···· 51
　4.4.1　数据传送类指令 ········ 51
　4.4.2　算术运算类指令 ········ 53
　4.4.3　逻辑运算及移位指令 ······ 55
　4.4.4　控制转移指令 ········· 57
　4.4.5　位（布尔变量）操作指令 ···· 58
4.5　51系列单片机指令汇总 ······· 59

### 第5章　51系列单片机定时/计数器 ···· 65
5.1　T0和T1 ············· 65
　5.1.1　T0和T1的功能控制 ······ 65
　5.1.2　T0和T1的工作模式 ······ 67
5.2　T2 ················ 69
　5.2.1　T2控制寄存器 ········· 69
　5.2.2　T2的工作方式 ········· 70
5.3　煤气控制器中定时器的应用 ····· 71

### 第6章　51系列单片机中断系统 ········ 73
6.1　中断需要解决的问题 ········ 73
6.2　中断的功能 ············ 74
6.3　51系列单片机中断系统的结构········ 74
6.4　中断响应过程 ··········· 79

6.5　中断服务子程序的设计 ……… 81

6.6　外部中断源的扩展 …………… 82

6.7　煤气控制器通信的中断方式 … 83

## 第7章　51 系列单片机串行接口 … 84

7.1　串行通信概述 ………………… 84

7.1.1　串行通信分类 …………… 84

7.1.2　串行通信的数据传送方式 … 86

7.2　串行通信标准 ………………… 87

7.2.1　串行通信总线标准 ……… 87

7.2.2　RS－232C 标准 ………… 87

7.2.3　串行通信线路的应用 …… 91

7.2.4　串口通信的连接方式 …… 92

7.3　串行接口的内部结构 ………… 93

7.4　串行接口功能控制 …………… 94

7.5　串行接口的工作方式 ………… 95

7.5.1　串行接口的工作方式 0 … 95

7.5.2　串行接口的工作方式 1 … 96

7.5.3　串行接口的工作方式 2 … 97

7.5.4　串行接口的工作方式 3 … 98

7.6　串行接口的波特率 …………… 98

7.7　单片机串行接口的应用 …… 100

7.8　数据通信中的校验与纠错 … 101

## 第2篇　实践篇：煤气控制器数据采集监控系统的应用

## 第8章　单片机应用系统设计概述 … 103

8.1　单片机设计概述 …………… 103

8.2　煤气控制器的功能 ………… 104

8.3　煤气控制器应用系统的总体设计 … 104

8.3.1　煤气控制器的硬件设计 … 105

8.3.2　煤气控制器的软件设计 … 107

## 第9章　煤气控制器监控网络设计 … 110

9.1　煤气控制器监控通信系统 … 110

9.1.1　煤气控制器串行通信组网 … 110

9.1.2　通信帧格式 …………… 113

9.1.3　通信方法 ……………… 114

9.2　上位机通信程序 …………… 115

9.3　煤气控制器串行接口设计 … 117

9.3.1　串行接口通信初始化 … 117

9.3.2　串行接口通信程序设计 … 119

9.4　煤气控制器串行接口通信程序 … 123

## 第10章　煤气控制器存储器的分配 … 129

10.1　煤气控制器数据存储空间的分配 … 129

10.2　煤气控制器数据存储空间的扩展 … 139

## 第11章　键盘接口 …………………… 140

11.1　单片机与键盘的接口类型 … 140

11.2　键盘设计时应处理的问题 … 142

11.3　煤气控制器的键盘设计 … 143

## 第12章　液晶显示 …………………… 147

12.1　液晶显示简介 ……………… 147

12.2　煤气控制器液晶显示 ……… 149

## 第13章　容错与数据安全 …………… 152

13.1　看门狗电路 ………………… 152

13.2　数据掉电保护 ……………… 154

13.2.1　AT24C 系列 I$^2$C 总线接口 EEPROM ……… 154

13.2.2　24C16 读写操作 …… 155

13.3　煤气控制器容错与数据安全措施 … 166

## 第14章　单片机应用系统设计与调试 … 168

14.1　单片机应用系统设计的步骤 … 168

14.2　单片机应用系统的开发 … 169

14.3　单片机应用系统的调试 … 170

14.4　单片机应用系统抗干扰技术 … 171

## 第3篇　发展篇：51 内核无线网络片上系统 CC2430

## 第15章　51 内核的 ZigBee 单片机 CC2430 …………… 177

15.1　无线网络与物流技术的融合 … 177

15.2　ZigBee 无线网络通信技术 … 177

15.2.1　ZigBee 的特点 ……… 177

15.2.2　ZigBee 无线芯片 CC2430 … 178

15.3　CC2430 基础 ……………… 180

15.3.1　CC2430 的主要特性 … 180

15.3.2　CC2430 的引脚和 I/O 配置 … 182

　　15.3.3　CC2430 的 CPU 介绍 ············ 184　　　　　15.4.3　MAC 定时/计数器 ················ 188

15.4　CC2430 的外围设备 ····················· 187　　15.5　CC2430 的无线模块 ····················· 189

　　15.4.1　I/O 端口 ····················· 187　　**参考文献** ········································· 191

　　15.4.2　DMA 控制器 ················· 188

# 第1篇 基础篇：51系列单片机原理

# 第1章 51系列单片机基础

## 1.1 单片机概述

随着大规模集成电路技术的发展，单片机也随之有了较大的发展，各种新颖的单片机层出不穷。从硬件到指令系统，单片机都是按照工业控制领域所提出的要求而精心设计的。因此，单片机具有体积小、功耗低、价格便宜、可靠性高、控制能力强、开发使用简单等一系列优点，自其问世以来就得到了广泛应用，并显示出其强大的魅力。

**1. 单片机的产生** 从1946年世界上第一台计算机诞生以来，整个计算机产业迅猛发展。然而，直到20世纪60年代，计算机在实际控制领域才崭露头角，主要用于数值计算、逻辑运算。近年来，为了满足小型设备或便携式设备的需求，在计算机的大家族中，单片微型计算机发展十分迅速，基本渗透到了电子设计领域的各个方面。单片微型计算机是微型计算机的一个重要分支，它使计算机从大量数值计算进入智能控制领域，开创了计算机控制的新局面。

单片微型计算机（Single – Chip Microcomputer）简称为单片机。它将运算器、控制器、存储器和各种输入/输出（I/O）接口等计算机的主要部件集成在一块芯片上，得到一个单芯片微型计算机。虽然只是一块芯片，但是它在组成和功能上已经具有计算机的特点。其基本组成如图1-1所示。

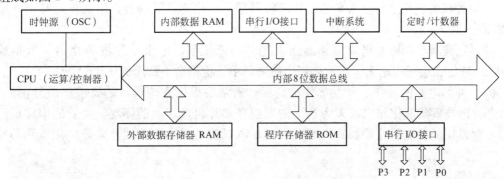

图1-1 单片机的基本组成

20世纪70年代初，"微处理器"问世了。20世纪70年代中期，为了满足广泛应用的需要，微型计算机向着以下两个不同的方向发展：

（1）高速度、大容量、高性能的高档微型计算机方向，这一分支形成 PC。

（2）功能完善、稳定可靠、体积小、价格低廉、面向控制的单片机方向。

对于面向控制的单片机，在工业控制领域，人们对其提出了许多与传统大量高速数值计算完全不同的控制要求，如：能够面向控制对象，便于进行控制变量的输入/输出；能够适应工业现场较为恶劣的工作环境；体积小，能够嵌入控制系统内部；控制能力突出，具有丰富的用于控制的指令系统和 I/O 接口等。这使得单片机系统成为工业测控系统中最为理想的控制系统。

**2. 单片机的发展历程**　　单片机的发展历程通常划分为 4 个阶段：

（1）第一阶段（1970—1974）：4 位单片机时代。这种单片机包含多种接口，如 A/D 和 D/A 以及并行接口等。丰富的 I/O 接口使得 4 位单片机具有很强的控制能力，主要应用于收音机、电视机和电子玩具等。

（2）第二阶段（1974—1978）：低中档 8 位单片机时代，以 Intel 公司的 MCS—48 系列单片机为代表。这时的单片机内部集成了 8 位 CPU、多个并行 I/O 接口、8 位定时/计数器、小容量的 RAM 和 ROM 等。这种单片机没有串行接口，操作比较简单。

（3）第三阶段（1978—1983）：高档 8 位单片机时代。这一时期，以 Intel 公司的 MCS—51 系列单片机为代表，性能有了明显的提高，主要是为其内部增加了串行通信接口，具备多级中断处理系统，将定时/计数器扩展为 16 位，扩大了 ROM 和 RAM 的容量等。这类单片机功能强，应用范围广，至今仍有一定的应用市场。

（4）第四阶段（1983 年至今）：增强型 8 位单片机及 16 位单片机时代，是微控制器的全面发展阶段。这一阶段出现了许多新型的 8 位单片机，其工作频率、内部资源等都有很大的提升，例如 PIC 系列单片机、ARM 系列单片机、AVR 系列单片机、C8051F 系列单片机等。还有一些厂商推出了 16 位单片机，甚至 32 位单片机，其功能不断增强，集成度不断提高。

虽然新型的、功能强的单片机不断推出，但 4 位、8 位、16 位单片机根据自己的特点，仍有各自不同的应用领域。例如，4 位单片机在一些简单的家用电器和电子玩具中使用，8 位单片机在中、小规模电子设计中占主流地位，而 16 位单片机在比较复杂的控制系统中才有应用。

**3. 单片机的发展趋势**　　未来的单片机将呈现多元化的发展趋势，但其位数却不一定继续增加。

（1）高集成度。随着集成电路制作工艺的不断发展，未来单片机芯片内部所集成的 ROM/RAM 容量会适当增大，芯片体积会越来越小，价格会不断降低。

（2）外部电路内装化。开发单片机产品，通常要根据系统设计的要求扩展外围芯片。随着芯片的高度集成化和"以人为本"的思想在单片机设计上的体现，今后的单片机产品要将一些常用的功能部件（如 A/D 转换器、D/A 转换器、LCD 驱动电路等）集成到芯片内部。

（3）低功耗。

（4）引脚多功能化。

（5）高性能。

（6）芯片专用化。

**4. 单片机的特点**　单片机的特点有很多，从应用的角度来讲，主要体现为以下几点：

（1）实现控制系统的在线应用。

（2）软/硬件结合控制。

（3）能适应较为恶劣的工作环境。

（4）软件性能稳定。

**5. 单片机的应用**　利用单片机开发的产品可以实现小型化、智能化和多功能化。单片机已经渗透到人们生产和生活的众多领域，例如：

（1）工业控制领域。

（2）家用电器领域。

（3）智能仪器仪表领域。

（4）办公自动化领域。

（5）商业营销领域。

（6）航空、航天等高科技领域。

## 1.2　51 系列单片机简介

**1. 51 系列单片机概述**　51 系列单片机是指 Intel 公司的 MCS—51 系列单片机以及与其具有兼容内核的单片机。MCS—51 单片机是美国 Intel 公司于 1980 年推出的产品。与 MCS—48 单片机相比，MCS—51 系列单片机的结构更先进，功能更强，它在原来的基础上增加了更多的电路单元和指令。现在，MCS—51 系列单片机或其兼容的单片机仍是应用的主流产品。MCS—51 系列单片机把微型计算机的主要部件都集成在一块芯片上，使得数据传送距离大大缩短，可靠性更高，运行速度更快。MCS—51 系列单片机属于芯片化的微型计算机，其各功能部件在芯片中的布局和结构得到最大优化，抗干扰能力加强，工作也相对稳定。因此，在工业测控系统中，使用 MCS—51 系列单片机是最理想的选择。MCS—51 系列单片机的开发环境要求较低，软件资源十分丰富，只需配备一台 PC 和一台仿真编程器即可实现产品开发。

MCS—51 系列单片机主要包括 8031、8051 和 8751 等通用产品，其主要功能如下：

（1）8 位 CPU。

（2）4KB 程序存储器（ROM）。

（3）128B 数据存储器（RAM）。

（4）32 条 I/O 接口线。

（5）111 条指令，并且大部分为单字节指令。

（6）21 个专用寄存器。

（7）2 个可编程序定时/计数器。

（8）5 个中断源，2 个优先级。

（9）一个全双工串行通信接口。

（10）数据存储器寻址空间为 64KB。

（11）程序存储器寻址空间为 64KB。

（12）位寻址功能。

（13）封装为双列直插（DIP）。

（14）5V 电源供电。

MCS—51 系列单片机以其典型的结构、完善的总线专用寄存器集中管理、众多的逻辑位操作功能以及面向控制的丰富的指令系统，为以后其他单片机的发展奠定了基础。正因为其优越的性能和完善的结构，后来的许多厂商大多沿用或参考了其体系结构。

MCS—51 系列单片机也在不断发展，并且增加了许多新的功能部件。常用 MCS—51 系列单片机的特性见表 1-1。

表 1-1　常用 MCS—51 系列单片机的特性

| 型号 | 片内存储器 | | I/O 接口线/条 | 16 位定时/计数器/个 | 中断源/个 | 串行接口 | A/D 转换器 |
|---|---|---|---|---|---|---|---|
| | 程序 | 数据/B | | | | | |
| 8031 | — | 128 | 32 | 2 | 5 | UART | — |
| 8051 | 4KB ROM | 128 | 32 | 2 | 5 | UART | — |
| 8751 | 4KB EPROM | 128 | 32 | 2 | 5 | UART | — |
| 80C31 | — | 128 | 32 | 2 | 5 | UART | — |
| 80C51 | 4KB ROM | 128 | 32 | 2 | 5 | UART | — |
| 87C51 | 4KB EPROM | 128 | 32 | 2 | 5 | UART | — |
| 8032 | — | 256 | 32 | 2 | 6 | UART | — |
| 8052 | 8KB ROM | 256 | 32 | 3 | 6 | UART | — |
| 8752 | 8KB EPROM | 256 | 32 | 3 | 6 | UART | — |
| 80C232 | — | 256 | 32 | 3 | 7 | UART | — |
| 80C252 | 8KB ROM | 256 | 32 | 3 | 7 | UART | — |
| 87C252 | 8KB EPROM | 256 | 32 | 3 | 7 | UART | — |
| 80C552 | — | 256 | 40 | 3 + WDT | 15 | UART, $I^2C$ | 8 × 10bit |
| 83C552 | 8KB ROM | 256 | 40 | 3 + WDT | 15 | UART, $I^2C$ | 8 × 10bit |
| 87C552 | 8KB EPROM | 256 | 40 | 3 + WDT | 15 | UART, $I^2C$ | 8 × 10bit |
| 80C592 | — | 512 | 40 | 3 + WDT | 15 | UART, CAN | 8 × 10bit |
| 83C592 | 16KB ROM | 512 | 40 | 3 + WDT | 15 | UART, CAN | 8 × 10bit |
| 87C592 | 16KB EPROM | 512 | 40 | 3 + WDT | 15 | UART, CAN | 8 × 10bit |

**2. 兼容 MCS—51 系列单片机的产品**　PHILIPS、DALLAS 和 ATMEL 等著名半导体公司推出了兼容 MCS—51 系列单片机的产品。ATMEL 公司生产的 AT89 系列单片机以内含 EEP-ROM 为主要特色。ATMEL 公司生产的 51 系列单片机主要产品见表 1-2。

表 1-2　ATMEL 公司生产的 51 系列单片机主要产品

| 产品 | 工作电压/V | 编程电压/V | 16 位定时/计数器/个 | 中断源/个 | 时钟/MHz | I/O 接口线/条 | 节电模式 | 存储器 | 封装 |
|---|---|---|---|---|---|---|---|---|---|
| AT89S51 | 2.7 ~ 6 | 12/5 | 2 | 6 | 0 ~ 24 | 32 | 有 | 4KB/128B | 40 |
| AT89S52 | 2.7 ~ 6 | 12/5 | 3 | 6 | 0 ~ 24 | 32 | 有 | 8KB/256B | 40 |
| AT89C51 | 2.7 ~ 6 | 12/5 | 2 | 5 | 0 ~ 24 | 32 | 有 | 4KB/128B | 40 |
| AT89C52 | 2.7 ~ 6 | 12/5 | 3 | 8 | 0 ~ 24 | 32 | 有 | 8KB/256B | 40 |
| AT89C55 | 2.7 ~ 6 | 12/5 | 3 | 8 | 0 ~ 24 | 32 | 有 | 20KB/256B | 44 |
| AT89S8252 | 2.7 ~ 6 | 12/5 | 3 | 9 | 0 ~ 24 | 32 | 有 | 10KB/256B | 40 |
| AT89C2051 | 2.7 ~ 6 | 12/5 | 2 | 5 | 0 ~ 24 | 15 | 有 | 2KB/128B | 20 |
| AT89C1051 | 2.7 ~ 6 | 12/5 | 1 | 3 | 0 ~ 24 | 15 | 有 | 1KB/64B | 20 |

以这些产品为主，ATMEL 公司已经生产了 50 多种 51 系列单片机。表 1-2 中的存储器是指程序存储器和内部数据存储器，例如 AT89C52 的 8KB/256B 是指内含 8KB 的程序存储器（Flash ROM）和内含 256B 的数据存储器（RAM）。

**3. AT89C52 系列单片机的基本结构**　AT89C52 单片机（简称为 89C52）是美国 ATMEL 公司生产的低电压、高性能 CMOS 8 位单片机。其片内含 8KB 可反复擦写的 Flash 只读程序存储器和 256B 的随机存取数据存储器（RAM）；元器件采用 ATMEL 公司的高密度、非易失性存储技术生产，与标准 MCS—51 指令系统及 8052 产品引脚兼容；片内置通用 8 位中央处理器（CPU）和 Flash 存储单元。功能强大的 89C52 单片机适合在许多控制较为复杂的场合应用。

89C52 单片机由中央处理器（CPU）、程序存储器（ROM）、数据存储器（RAM）、串行接口、并行 I/O 接口、定时/计数器、中断系统以及数据总线、地址总线和控制总线等组成。89C52 单片机内部结构框架示意图如图 1-2 所示。

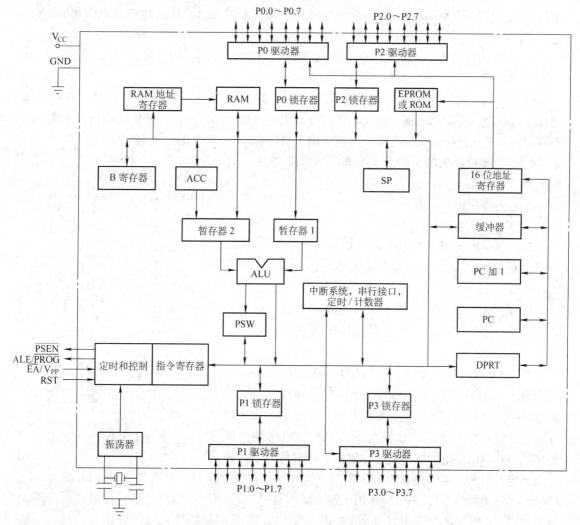

图 1-2　89C52 单片机内部结构框架示意图

89C52 单片机的性能都反映在单片机所特有的结构和资源上，这里首先介绍单片机的基本结构。

（1）微处理器（CPU）。89C52 单片机中有 1 个 8 位数据宽度的处理器，主要由算术逻辑运算部件、控制器和专用寄存器三部分组成，增加了面向控制的位处理功能。它负责控制、指挥和调度整个单元系统协调地工作，完成运算和控制输入/输出等功能。

（2）数据存储器（RAM）。数据存储器片内数据存储器容量为 256B，片外最多可外扩 64KB。

（3）程序存储器（Flash ROM）。程序存储器用来存储程序。89C52 单片机片内有 8KB 的 Flash ROM，如果片内程序存储器的容量不够，片外最多可外扩程序存储器 64KB。

（4）中断系统。89C52 单片机具有 8 个中断源，2 级中断优先权。

（5）定时/计数器。89C52 单片机具有 3 个 16 位定时/计数器，具有 4 种工作方式。

（6）串行接口。89C52 有一个全双工的串行接口，具有 4 种工作方式，可用来进行串行通信和扩展并行 I/O 接口，并可与多单片机相连构成多机系统，从而使单片机的功能更强，应用更广。

（7）P0 端口、P1 端口、P2 端口和 P3 端口。89C52 单片机的 P0 端口、P1 端口、P2 端口和 P3 端口为 4 个并行的 8 位可编程序 I/O 接口。

（8）特殊功能寄存器（SFR）。特殊功能寄存器共有 21 个，用于 CPU 对片内各种功能部件进行管理、控制和监视。特殊功能寄存器实际上是片内各个功能部件的控制寄存器和状态寄存器。这些特殊功能寄存器映射在片内 RAM 区 80H ~ FFH 的地址区间内。

**4. 89C52 单片机的引脚及其功能**　89C52 单片机封装图如图 1-3 所示。

（1）电源引脚 $V_{CC}$ 和 $V_{SS}$。

1）$V_{CC}$（引脚 40）：电源端，为 +5V。

2）$V_{SS}$（引脚 20）：接地端 GND。

（2）控制信号引脚 RST、$\overline{ALE/PROG}$、$\overline{PSEN}$、$\overline{EA}$/ $V_{PP}$。

1）RST（引脚 9）：复位输入，高电平有效。当振荡器工作时，RST 引脚出现两个机器周期以上的高电平，将使单片机复位。

2）$\overline{ALE/PROG}$（Address Latch Enable/Programming，引脚 30）：地址锁存允许信号端。当访问外部程序存储器或数据存储器时，ALE（地址锁存允许）输出脉冲用于锁存地址的低 8 位字节。一般情况下，ALE 仍以时钟振荡频率的 1/6 输出固定的脉冲信号，因此它可对外输出时钟

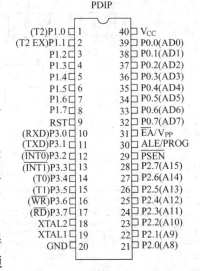

PDIP

图 1-3　89C52 单片机封装图

或用于定时目的。需要注意的是：每当访问外部数据存储器时，将跳过一个 ALE 脉冲。在 Flash 存储器编程期间，该引脚还用于输入编程脉冲（$\overline{PROG}$）。如有必要，可通过对特殊功能寄存器（SFR）区中的 8EH 单元的 D0 位置位，禁止 ALE 操作。该位置位后，只有一条 MOVX 或 MOVC 指令才能将 ALE 激活。此外，该引脚会被微弱地拉高，单片机执行外部程序时，应设置 ALE 禁止位无效。

3）$\overline{PSEN}$（Program Stroe Enable，引脚 29）：程序存储允许输出信号端。程序储存允许（$\overline{PSEN}$）输出的是外部程序存储器的读选通信号，当 89C52 由外部程序存储器存取指令（或数据）时，每个机器周期两次 $\overline{PSEN}$ 有效，即输出两个脉冲。在此期间，当访问外部数据存储器时，将跳过两次 $\overline{PSEN}$ 信号。

4）$\overline{EA}/V_{PP}$（Enable Address/Voltage Pulse of Programming，引脚 31）：外部程序存储器地址允许输入端/固化编程电压输入端。外部访问允许时，欲使 CPU 仅访问外部程序存储器（地址为 0000H ~ FFFFH），$\overline{EA}$ 端必须保持低电平（接地）。需要注意的是：如果加密位 LB1 被编程，复位时内部会锁存 $\overline{EA}$ 端状态。如果 $\overline{EA}$ 端为高电平（接 $V_{CC}$ 端），则 CPU 执行内部程序存储器中的指令。Flash 存储器编程时，该引脚加上 + 12V 的编程允许电源 $V_{PP}$，当然，这必须是该器件使用 12V 编程电压 $V_{PP}$。

（3）外接晶体振荡器引脚 XTAL1 和 XTAL2。

1）XTAL1（引脚 19）：振荡器反相放大器及内部时钟发生器的输入端。在采用外部时钟时，该引脚输入外部时钟脉冲。

2）XTAL2（引脚 18）：振荡器反相放大器的输出端，振荡电路的频率就是晶体振荡器的固有频率。若采用外部时钟电路，则该引脚悬空。

（4）I/O 端口 P0、P1、P2 和 P3。P0 端口的输出级与 P1 ~ P3 端口的输出级在结构上不同，它们带负载的能力也不相同。P0 端口的每一位输出可驱动 8 个 LS 型 TTL 负载，P1 ~ P3 端口的每一位输出都可驱动 4 个 LS 型 TTL 负载。

P0 ~ P3 端口的功能见表 1-3。

**表 1-3 P0 ~ P3 端口的功能**

| 端口名称 | 引脚标记 | 功 能 描 述 |
|---|---|---|
| P0 端口 | P0. 0 ~ P0. 7 | 开漏结构的准双向端口，51 系列单片机并行总线的数据总线和低 8 位地址总线，不作总线使用时，也可用作普通 I/O 端口 |
| P1 端口 | P1. 0 ~ P1. 7 | 带内部上拉电阻的准双向端口 |
| P2 端口 | P2. 0 ~ P2. 7 | 带内部上拉电阻的准双向端口，51 系列单片机并行总线的高 8 位地址总线，不作总线地址线使用时，也可用作普通 I/O 端口 |
| P3 端口 | P3. 0 ~ P3. 7 | 带内部上拉电阻的准双向端口，除用作普通 I/O 端口外，还有复用功能 |

1）P0 端口（P0.0 ~ P0.7，引脚 39 ~ 32）：P0 端口是由 8 个相同结构的引脚组成的，对于某位，其结构示意图如图 1-4 所示。

P0 端口内部包含一个输出锁存器、一个输出驱动电路、一个输出控制电路、电子模拟开关 MUX 和两个三态缓冲器。其中，输出驱动电路由一对场效应晶体管组成，整个端口的工作状态受控于输出控制电路。

P0 端口是一个真正的双向数据总线端口，也可以分时复用输出低 8 位地址总线。

当 P0 端口作为普通的 I/O 端口使用时，对应的控制信号为 0，电子模拟开关 MUX 将锁存器 Q 端和输出端连接在一起，同时与门输出为 0，使上拉场效应晶体管 $V_1$ 截止，这时的输出是漏极开路电路，故需要外接上拉电阻（5 ~ 10kΩ）才能正常工作。

当程序使输出为 0 时，锁存器输出端 $\overline{Q}$ 为高电平，致使下拉场效应晶体管 $V_2$ 导通，从而使输出端输出 0。

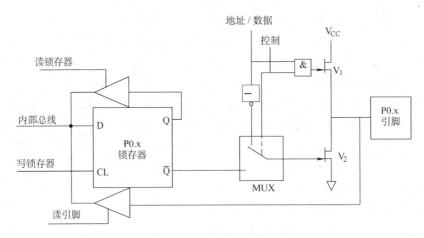

图 1-4 P0 端口某位的结构示意图

当程序使输出为 1 时，锁存器输出端 Q 为低电平，致使下拉场效应晶体管截止，由外接的上拉电阻将输出端变为高电平，使输出端输出 1。

对于输入的情况，一般应置各个锁存器为 1，即输出为 FFH，这样才能保证获得正确的输入结果，也就是说 P0 端口作为普通 I/O 端口时，其不是一个真正的双向 I/O 端口，而是一个准双向 I/O 端口。

当 P0 端口用作低 8 位地址/数据分时复用时，控制信号为高电平 1，控制电子模拟开关 MUX 与地址/数据线经反相器输出相连，并使下拉场效应晶体管导通，同时，与门开锁，输出地址/数据信号，即通过与门驱动上拉场效应晶体管，又通过反相器驱动下拉场效应晶体管。

当输出信号 1 时，上拉场效应晶体管导通，而 1 经过反相器后变为 0，使下拉场效应晶体管截止，从而在输出引脚上输出高电平 1。

当输出信号 0 时，上拉场效应晶体管截止，而 0 经过反相器后变为 1，使下拉场效应晶体管导通，从而在输出引脚上输出低电平 0。

由于 P0 端口作地址/数据分时复用方式时，复位后自动置 P0 端口为 0FFH，使下拉场效应晶体管截止。控制为 0 时，上拉场效应晶体管也截止，从而保证在高阻状态下输入正确的信息。P0 端口作地址/数据总线时，是一个真正的双向端口，能够驱动 8 个 LS 型 TTL 负载。

2）P1 端口（P1.0 ~ P1.7，引脚 1 ~ 8）：P1 端口一般用作通用 I/O 端口，可以用作位处理，各位都可以单独输出或输入信息。P1 端口某位的结构示意图如图 1-5 所示。

P1 端口同样是准双向的 I/O 端口，当需要某位先输出然后再输入的时候，应在输入操作前加一条输出 1 的指令，然后再输入，这样才能保证输入的数据正确。对于复位后，由于各位锁存器均置 1，Q 端输出为 0，下拉场效应晶体管截止，因此各

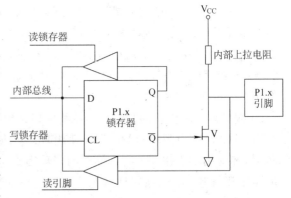

图 1-5 P1 端口某位的结构示意图

位用作输出或输入都是正确的。

3）P2 端口（P2.0～P2.7，引脚 21～28）：P2 端口可以当作普通 I/O 端口，也可以在系统外部扩展存储器时输出高 8 位地址。P2 端口某位的结构示意图如图 1-6 所示。

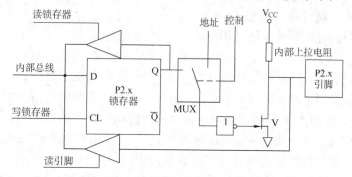

图 1-6　P2 端口某位的结构示意图

当 P2 端口用作普通 I/O 端口时，控制信号用电子模拟开关 MUX 接通锁存器 Q 端，进行通用 I/O 操作。此时，P2 端口属于准双向 I/O 端口。因此，在复位的情况下，可以直接从引脚输入外部数据信息。在运行过程中，若要由输出转为输入方式，则应先加一条输出 0FFH 指令，再从端口读入，这样操作才正确。其余操作和 P0 端口类似。P2 端口可以驱动 4 个 LS 型 TTL 负载。

当 P2 端口用作高 8 位地址时，控制信号用电子模拟开关 MUX 接通地址端，高 8 位地址信号便加到输出端口，从而实现 8 位地址输出。

4）P3 端口（P3.0～P3.7，引脚 10～17）：P3 端口是一个可进行位操作且具有第二变异功能的端口。P3 端口某位的结构示意图如图 1-7 所示。

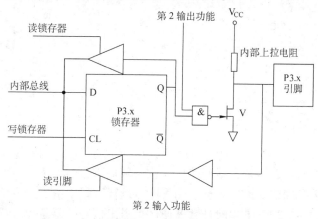

图 1-7　P3 端口某位的结构示意图

P3 端口可以有两种功能：当作为普通 I/O 端口时，P3 端口可以进行位操作，是准双向 I/O 端口，可以驱动 4 个 LS 型 TTL 负载；当系统需要扩展外部器件时，P3 端口可以作为第二变异功能使用。P3 端口第二功能的各引脚定义如下：

P3.0：串行输入端口（RXD），即串行端口接收数据的引脚。

P3.1：串行输出端口（TXD），即串行端口发送数据的引脚。

P3.2：外部中断 0（$\overline{\text{INT0}}$）。

P3.3：外部中断 1（$\overline{\text{INT1}}$）。

P3.4：定时/计数器 T0 外部计数输入端口（T0）。

P3.5：定时/计数器 T1 外部计数输入端口（T1）。

P3.6：外部数据存储器写选通（$\overline{\text{WR}}$）。

P3.7：外部数据存储器读选通（$\overline{\text{RD}}$）。

**5. 89C52 单片机复位操作**　89C52 单片机在起动时需要复位，以使 CPU 及系统各部件均处于确定的初始状态，并从初始状态开始工作。89C52 单片机的复位信号是从 RST 引脚输入到片内施密特触发器中的。89C52 单片机的复位原理是：在时钟电路开始工作以后，在单片机的 RST 引脚施加 24 个时钟振荡脉冲（两个机器周期）以上的高电平，单片机便可以实现复位；在复位期间，单片机的 ALE 引脚和PSEN引脚均输出高电平；当 RST 引脚从高电平跳变为低电平后，单片机便从 0000H 单元开始执行程序。

89C52 单片机在实际应用中，一般采用外部复位电路来进行复位，并在 RST 引脚保持 10ms 以上的高电平，以保证能够可靠地复位。89C52 单片机的复位电路可以有上电复位、手动加上电复位、定时监视器复位等。

（1）上电复位电路。上电复位电路的基本原理是：利用 $RC$ 电路的充放电效应，当单片机系统上电时，复位电路通过电容加在 RST 引脚一个短暂的高电平信号，这个高电平信号随着电容的充电而逐渐降低，如图 1-8 所示。

（2）手动加上电复位电路。在实际应用的电路中，一般采用既可以手动复位又可以上电复位的电路，这样可以人工复位单片机系统，如图 1-9 所示。

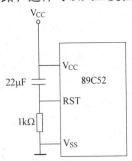

图 1-8　上电自动复位电路

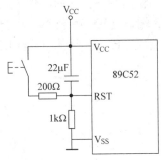

图 1-9　手动加上电复位电路

（3）定时监视器（WDT，看门狗）复位电路。定时监视器复位是采用单片机内部的看门狗来实现复位操作的。近年来，新型的单片机一般内部都含有看门狗电路 WDT。WDT 可以根据应用程序的运行周期来设定。当应用程序在运行过程中由于外界的干扰而进入非正常工作状态时（程序跑飞），WDT 定时计数器便产生溢出信号，复位单片机，使之重新恢复正常运行。对于自身不带看门狗功能的单片机，可以采用专门的复位电路芯片。

（4）复杂的复位电路。对于前面的复位电路，干扰很容易进入复位端，在大多数情况下不会使单片机错误复位，但有时会使单片机的某些寄存器错误复位。在一些要求严格的场合，需要对单片机的复位电路进行更精确的设计，或者采用专用的复位芯片来完成。

复位是单片机的初始化操作，其主要功能是把单片机初始化为 0000H，使单片机从 0000H 单元开始执行程序。除了进行系统正常的初始化之外，当因系统运行出错或操作错误而使系统进入死锁状态时，为了摆脱困境，也需按复位键重新起动。单片机的复位状态见表

1-4。

表 1-4　单片机的复位状态

| 特殊功能寄存器 | 复位状态 | 特殊功能寄存器 | 复位状态 |
| --- | --- | --- | --- |
| ACC | 00H | TH0 | 00H |
| B | 00H | TL0 | 00H |
| DPTR | 0000H | TH1 | 00H |
| PC | 0000H | TL1 | 00H |
| PSW | 00H | TMOD | 00H |
| P0 ~ P3 | FFH | TCON | 00H |
| SP | 07H | SCON | 00H |
| IE | 0XX00000B | PCON | 0XXX0000B |
| IP | XXX00000B | SBUF | XXXXXXXXB |

1）ACC = 00H：表明累加器在复位时为 0。

2）PSW = 00H：表明复位时选择累加器 0 组为工作寄存器组。

3）SP = 07H：在复位时，表明堆栈指针指向片内 RAM 07H 字节单元，根据堆栈操作的先加后压的原则，SP 先加 1，则指向 08H，那么第一个数据就被压入 08H 单元中。

4）P0 ~ P3 = FFH：表明复位时，已向端口线写入 1，P0 ~ P3 端口既可以输入又可以输出。

5）IP = XXX00000B：表明复位时各个中断源处于低优先级。

6）IE = 0XX00000B：表明复位时各个中断源均关断。

7）TMOD = 00H：表明复位时 T1 和 T0 均为工作方式 0，运行处于定时状态。

8）TCON = 00H：表明复位时 T1 和 T0 均被关断。

9）SCON = 00H：表明复位时串行接口处于工作方式 0，不允许接收，只允许发送。

10）PCON = 0XXX0000B：表明复位时波特率不加倍。

11）SBUF = XXXXXXXXB：表明复位时 SBUF 为不定值。

**6. 89C52 单片机的时钟电路**　89C52 单片机与微型计算机一样，从 Flash ROM 取指令和执行指令过程中的各种微操作，都是按着节拍有序地工作的。89C52 单片机片内还有一个节拍发生器，即片内振荡脉冲电路。89C52 单片机片内还有一个高增益反相放大器，用于构成时钟振荡器。反相放大器的输入端为 XTAL1，输出端为 XTAL2，两端跨接压电晶体及两个电容，构成稳定的自激振荡器。电容器 $C_1$ 和 $C_2$（见图 1-10）通常取 30pF 左右，可稳定频率并对振荡频率有微调作用。晶体振荡器的脉冲频率范围为 0 ~ 24MHz。

89C52 单片机的时钟系统是一个内含振荡电路、外接谐振器、可关断控制的时钟系统，如图 1-10 所示。

（1）时钟振荡器是一个在片的并联谐振振荡电路，振荡器为石英振子或陶瓷振子。

（2）时钟振荡器通过引脚 XTAL2、XTAL1 与外接振荡器、振荡电容 $C_1$ 和 $C_2$ 相连。

（3）89C52 单片机的时钟系统具有可关断功能，该功能主要用于单片机的功耗管理。

**7. 基本时序定时单位**　89C52 单片机或其他 51 系列单片机的基本时序定时单位有：

（1）振荡周期：晶振的振荡周期，为最小的时序单位。

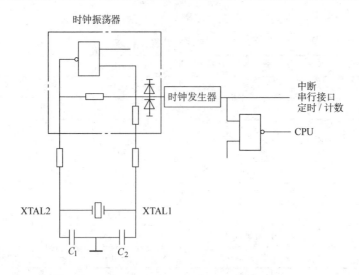

图 1-10　89C52 单片机时钟系统

（2）状态周期：振荡频率经单片机内的二分频器分频后提供给片内 CPU 的时钟周期，因此，1 个状态周期包含 2 个振荡周期。

（3）机器周期：1 个机器周期由 6 个状态周期，即 12 个振荡周期组成，是单片机执行一个基本操作的时间单位。

（4）指令周期：执行 1 条指令所需的时间。1 个指令周期由 1～4 个机器周期组成，依据指令的不同而不同，常见的有 1 个指令周期指令（如 MOV　direct，A）和 2 个指令周期指令（如 ANL　direct，#data）。

其中，振荡周期和机器周期是单片机内计算其他时间值（如波特率、定时器的定时时间等）的基本时序单位。

单片机外接晶体振荡器频率为 12MHz 时，各种时序单位的大小如下：

$$振荡周期 = \frac{1}{f_{OSC}} = \frac{1}{12MHz} = 0.0833\mu s　　（最小的时序单位）$$

$$状态周期 = \frac{2}{f_{OSC}} = \frac{2}{12MHz} = 0.167\mu s　　（1 状态周期 = 2 振荡周期）$$

$$机器周期 = \frac{12}{f_{OSC}} = \frac{12}{12MHz} = 1\mu s　　（1 机器周期 = 6 状态周期 = 12 振荡周期）$$

$$1 指令周期 = 1～4 个机器周期 = 1～4\mu s　　（1 指令周期 = 1～4 个机器周期）$$

# 第2章  51系列单片机存储器的结构及分配

设计人员编写的程序就存放在中央处理器的程序存储器中，该存储器称为只读程序存储器（ROM）。程序相当于给中央处理器处理问题的一系列命令。其实，程序和数据一样，都是由机器码组成的代码串，只是程序代码存放于程序存储器中，而相应的数据存放于数据存储器中。那么51系列单片机存储器是如何配置的呢？

## 2.1  51系列单片机的基本存储结构

51系列单片机的存储器在物理结构上分为程序存储器空间和数据存储器空间，并且共有4个存储空间：片内程序存储器空间和片外程序存储器空间，片内数据存储器空间和片外数据存储器空间。这种程序存储器和数据存储器分开的结构形式称为哈佛结构。采用哈佛结构主要是考虑单片机面向测控对象，通常有大量的控制程序和数量较少的随机数据，所以将程序和数据分开，使用较大容量的程序存储器来固化程序代码，使用少容量的数据存储器来存取随机数据。51系列单片机的存储空间与其物理地址的对应关系如图2-1所示。

程序存储器（ROM）

数据存储器（RAM）

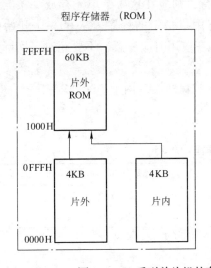
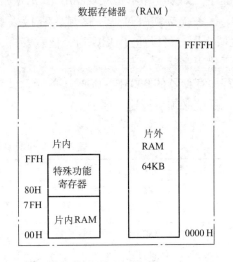

图2-1  51系列单片机的存储空间与其物理地址的对应关系

由图2-1可以看出，51系列单片机在物理结构上有4个存储空间，即片内程序存储器、片外程序存储器、片内数据存储器、片外数据存储器。

但在逻辑上，即从用户的角度上讲，51系列单片机有3个存储空间。

（1）片内外统一编址的64KB程序存储器地址空间。

（2）256B片内数据存储器的地址空间。

（3）64KB片外数据存储器的地址空间。

3个存储空间地址是重叠的，那么如何区别这3个不同的逻辑空间呢？指令系统通过不同的数据传送指令来区别，CPU 访问片内外 ROM 时用指令 MOVC，访问片外 RAM 或片外 I/O 接口时用指令 MOVX，访问片内 RAM 时用指令 MOV。

对于引脚信号$\overline{\text{PSEN}}$，若该引脚信号有效，即可读出片外 ROM 中的指令；若该引脚信号无效，可读/写片外 RAM 或片外 I/O 接口。

## 2.2　程序存储空间

**1. 程序存储器地址空间**　51 系列单片机存储器地址空间分为程序存储器和数据存储器。数据存储器为 64KB RAM，程序存储器为 64KB ROM。程序存储器用于存放编好的程序和表格常数，64KB 的地址空间是统一编址的。片内和片外的区分是通过$\overline{\text{EA}}$引脚上的电平来进行的。

（1）$\overline{\text{EA}} = 1$，即接高电平时，CPU 从片内的程序存储器中读取程序，当程序计数器 PC 值超过片内 ROM 的容量时，转向片外的程序存储器读取程序。

（2）$\overline{\text{EA}} = 0$，即接低电平时，CPU 从片外的程序存储器中读取程序，并输$\overline{\text{PSEN}}$选通信号。

程序存储器由 16 位的程序计数器 PC 指示当前地址。单片机起动后，程序计数器 PC 的内容为 0000H，系统将从 0000H 开始执行程序。

0000H ~ 0002H 单元：系统复位后，程序计数器 PC 为 0000H，单片机从 0000H 单元开始执行程序，如果程序不是从 0000H 单元开始执行，则应在这 3 个单元存放一条无条件转移指令，让系统必须跳过这一区域，直接去执行用户指定的程序。从 0033H 开始的用户 ROM 区域，用户可以通过 ORG 指令任意安排，但在应用时应注意，不要超过了实际的存储空间，不然程序就会找不到。

在程序存储器的 0003H ~ 0032H 单元，共 48B 被保留，专用于中断处理程序，称为中断矢量区。系统必须跳过这一区域。

7 个具有特殊含义的单元见表 2-1。

表 2-1　7 个具有特殊含义的单元

| 0000H | 系统复位，PC 指向此处 |
| --- | --- |
| 0003H | 外部中断 0 入口 |
| 000BH | T0 溢出中断入口 |
| 0013H | 外部中断 1 入口 |
| 001BH | T1 溢出中断入口 |
| 0023H | 串行接口中断入口 |
| 002BH | T2 溢出中断入口 |

以上地址单元被专门用于存放中断处理程序。中断响应后，按中断的类型自动跳转到相应的中断区去执行程序。这些地址单元不能用于存放程序的其他内容，只能存放中断服务程序。一般情况下，每段只有 8 个地址单元是不能保存完整的中断服务程序的，因而，一般在中断响应的地址区存放一条无条件转移指令，指向存储器中真正存放中断服务程序的空间。这样，在中断响应后，CPU 读到转移指令，便转向真正存放中断服务程序的空间，执行中

断服务程序。

例如，程序运行时除执行主程序之外，还需要响应串行接口中断，那么系统复位后程序计数器 PC 指向 0000H。0000H ~ 0002H 只有 3 个存储单元，但这 3 个存储单元在程序存放时是存放不了实际意义的程序的，通常在实际编写程序时，在这里安排一条 ORG 指令，例如"LJMP　MAIN"。MAIN 地址是 0033H 之后的地址，先通过 ORG 指令跳转到从 0033H 开始的用户 ROM 区域，然后再来安排程序语言。例如，程序可以这样开始：

```
ORG    0000H
LJMP   MAIN
ORG    0023H
LJMP   SSIO
```

**2. 程序存储器的扩展**　51 系列单片机为了满足不同应用的需要，除了设置有内部程序存储器外，还可以根据需要进行外部程序存储器的扩展。外部程序存储器扩展时，采用 P0 端口和 P2 端口作为 16 位地址总线的低 8 位和高 8 位，此时，P0 端口还可分时复用为 8 位数据总线。

在 $\overline{EA}$ = 1 时，即接高电平时，在外部扩展程序存储器的情况下，程序首先从片内的程序存储器开始顺序执行，当指令地址超过 0FFFH 后，就自动转到片外程序存储器。当 CPU 访问外部程序存储器时，程序计数器 PC 的低 8 位地址由 P0 端口输出，PC 的高 8 位地址由 P2 端口输出。P2 端口和 P0 端口共同组成 16 位地址总线。

如果 $\overline{EA}$ = 0，即接低电平，则 CPU 直接从片外程序存储器的 0000H 地址开始执行。

## 2.3　数据存储空间

**1. 数据存储器的地址空间**　数据存储器 RAM 也称为随机存取数据存储器，用于存放运算的中间结果、数据暂存和缓冲、标志位等。51 系列单片机的数据存储器在物理逻辑上分为两个地址空间，即片内 RAM 和片外 RAM。片内 RAM 有 256B 的用户数据存储区域（不同型号的单片机有所不同），地址为 0000H ~ 00FFH（以下简写为 00H ~ FFH）。这 256 个单元按其功能可分为低 128B 和高 128B。片外数据存储空间为 64KB，其地址范围为 0000H ~ FFFFH。

**2. 片内 RAM**　片内 RAM 数据存储器最大寻址为 256 个单元，分为两部分，低 128B（00H ~ 7FH）是真正的数据存储区，高 128B（80H ~ FFH）为特殊功能寄存器 SFR 区，如图 2-2 所示。

（1）低 128B RAM。低 128B RAM 的地址空间为 00H ~ 7FH 单元，该区域按功能可分为以下 3 个区域。

1）00H ~ 1FH：工作寄存器与 RAM 安排同一个队列空间，统一编制并使用同样的寻址方式，即直接寻址和间接寻址方式。00H ~

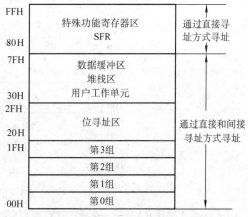

图 2-2　片内 RAM

1FH 安排为 4 组工作寄存器 R0～R7，共占 32 个单元。工作寄存器地址见表 2-2。通过对程序状态字 PSW 中 RS1 和 RS0 的设置，每组寄存器均可选作当前工作寄存器组。若程序中并不需要 4 组，其余可作为一般 RAM 单元。CPU 复位后，默认第 0 组寄存器作为当前的工作寄存器组。

**表 2-2　工作寄存器地址**

| 组号 | RS1 | RS0 | R0 | R1 | R2 | R3 | R4 | R5 | R6 | R7 |
|---|---|---|---|---|---|---|---|---|---|---|
| 第 0 组 | 0 | 0 | 00H | 01H | 02H | 03H | 04H | 05H | 06H | 07H |
| 第 1 组 | 0 | 1 | 08H | 09H | 0AH | 0BH | 0CH | 0DH | 0EH | 0FH |
| 第 2 组 | 1 | 0 | 10H | 11H | 12H | 13H | 14H | 15H | 16H | 17H |
| 第 3 组 | 1 | 1 | 18H | 19H | 1AH | 1BH | 1CH | 1DH | 1EH | 1FH |

2）20H～2FH：可用位寻址方式访问其各位，如图 2-3 所示。单片机的指令系统中有许多位操作指令，这些位操作指令可直接对 20H～2FH 这 128 位进行寻址。位寻址地址为 00H～7FH，而 RAM 中低 128B 的地址也是 00H～7FH，那么如何区分这 128B 是低 128B 寻址还是位寻址呢？访问 128 个位地址用位寻址方式，访问低 128B 单元用直接寻址和间接寻址，这样就可以区分是位地址还是字节地址了。

3）30H～7FH：字节寻址区，共 80B，用户使用一般的 RAM 可在此区域开辟堆栈。

| 字节地址 | 位地址 | | | | | | | | |
|---|---|---|---|---|---|---|---|---|---|
| 7FH | 通用 RAM | | | | | | | | |
| 30H | | | | | | | | | |
| 2FH | 7F | 7E | 7D | 7C | 7B | 7A | 79 | 78 | |
| 2EH | 77 | 76 | 75 | 74 | 73 | 72 | 17 | 70 | |
| 2DH | 6F | 6E | 6D | 6C | 6B | 6A | 69 | 68 | |
| 2CH | 67 | 66 | 65 | 64 | 63 | 62 | 61 | 60 | |
| 2BH | 5F | 5E | 5D | 5C | 5B | 5A | 59 | 58 | |
| 2AH | 57 | 56 | 55 | 54 | 03 | 52 | 51 | 50 | |
| 29H | 4F | 4E | 4D | 4C | 4B | 4A | 49 | 48 | |
| 28H | 47 | 46 | 45 | 44 | 43 | 42 | 41 | 40 | 位寻址 RAM 区（20H～2FH） |
| 27H | 3F | 3E | 3D | 3C | 3B | 3A | 39 | 38 | |
| 26H | 37 | 36 | 35 | 34 | 33 | 32 | 31 | 30 | |
| 25H | 2F | 2E | 2D | 2C | 2B | 2A | 29 | 28 | |
| 24H | 27 | 26 | 25 | 24 | 23 | 22 | 21 | 20 | |
| 23H | 1F | 1E | 1D | 1C | 1B | 1A | 19 | 18 | |
| 22H | 17 | 16 | 15 | 14 | 13 | 12 | 11 | 10 | |
| 21H | 0F | 0E | 0D | 0C | 0B | 0A | 09 | 08 | |
| 20H | 07 | 06 | 05 | 04 | 03 | 02 | 01 | 00 | |
| 1FH | R7 | 3 组 | | | | | | | |
| 18H | R0 | | | | | | | | |
| 17H | R7 | 2 组 | | | | | | | |
| 10H | R0 | | | | | | | | 通用工作寄存器区（00H～1FH） |
| 0FH | R7 | 1 组 | | | | | | | |
| 08H | R0 | | | | | | | | |
| 07H | R7 | 0 组 | | | | | | | |
| 00H | R0 | | | | | | | | |

图 2-3　低 128B RAM 区

（2）高 128B RAM——特殊功能寄存器 SFR（Special Function Register）。高 128B 地址

空间为 80H ~ FFH 地址单元，为特殊功能寄存器，离散地分布在 80H ~ FFH 中，见表 2-3。访问特殊功能寄存器只允许使用直接寻址方式。

表 2-3　特殊功能寄存器

| 字节地址 | 位地址 | | | | | | | | 说明 | |
|---|---|---|---|---|---|---|---|---|---|---|
| FFH | — | | | | | | | | — | — |
| F0H | F7 | F6 | F5 | F4 | F3 | F2 | F1 | F0 | B | 乘法寄存器 |
| E0H | E7 | E6 | E5 | E4 | E3 | E2 | E1 | E0 | ACC | 累加器 |
| D0H | D7 | D6 | D5 | D4 | D3 | D2 | D1 | D0 | PSW | 程序状态控制字 |
| | CY | AC | F0 | RS1 | RS0 | OV | — | P | | |
| CDH | 不可位寻址 | | | | | | | | TH2 | 定时/计数器 2 高 8 位 |
| CCH | 不可位寻址 | | | | | | | | TL2 | 定时/计数器 2 低 8 位 |
| C9H | — | — | — | — | — | — | T2OE | DCEN | T2MOD | 定时/计数器 2 方式选择 |
| C8H | CF | CE | CD | CC | CB | CA | C9 | C8 | T2CON | 定时/计数器 2 控制 |
| | TF2 | EXF2 | RCLK | TCLK | EXEN2 | TR2 | $\overline{C/T2}$ | CP/RL2 | | |
| B8H | BF | BE | BD | BC | BB | BA | B9 | B8 | IP | 中断优先控制器 |
| | — | — | PT2 | PS | PT1 | PX1 | PT0 | PX0 | | |
| B0H | B7 | B6 | B5 | B4 | B3 | B2 | B1 | B0 | P3 | I/O 端口 3 |
| | P3.7 | P3.6 | P3.5 | P3.4 | P3.3 | P3.2 | P3.1 | P3.0 | | |
| A8H | AF | AE | AD | AC | AB | AA | A9 | A8 | IE | 中断允许控制器 |
| | EA | — | ET2 | ES | ET1 | EX1 | ET0 | EX0 | | |
| A0H | A7 | A6 | A5 | A4 | A3 | A2 | A1 | A0 | P2 | I/O 端口 2 |
| | P2.7 | P2.6 | P2.5 | P2.4 | P2.3 | P2.2 | P2.1 | P2.0 | | |
| 99H | 不可位寻址 | | | | | | | | SBUF | 串行数据缓冲器 |
| 98H | 9F | 9E | 9D | 9C | 9B | 9A | 99 | 98 | SCON | 串行接口控制器 |
| | SM0 | SM1 | SM2 | REN | TB8 | RB8 | TI | RI | | |
| 90H | 97 | 96 | 95 | 94 | 93 | 92 | 91 | 90 | P1 | I/O 端口 1 |
| | P1.7 | P1.6 | P1.5 | P1.4 | P1.3 | P1.2 | P1.1 | P1.0 | | |
| 8DH | 不可位寻址 | | | | | | | | TH1 | 定时/计数器 1 高 8 位 |
| 8CH | 不可位寻址 | | | | | | | | TH0 | 定时/计数器 0 高 8 位 |
| 8BH | 不可位寻址 | | | | | | | | TL1 | 定时/计数器 1 低 8 位 |
| 8AH | 不可位寻址 | | | | | | | | TL0 | 定时/计数器 0 低 8 位 |
| 89H | 不可位寻址 | | | | | | | | TMOD | 定时/计数器方式选择 |
| 88H | 8F | 8E | 8D | 8C | 8B | 8A | 89 | 88 | TCON | 定时/计数器控制 |
| | TF1 | TR1 | TF0 | TR0 | IE1 | IT1 | IE0 | IT0 | | |
| 87H | 不可位寻址 | | | | | | | | PCON | 电源控制及波特率选择 |
| 85H | 不可位寻址 | | | | | | | | DP1H | 数据指针 DPTR1 高 8 位 |

（续）

| 字节地址 | 位地址 | | | | | | | | 说明 | |
|---|---|---|---|---|---|---|---|---|---|---|
| 84H | 不可位寻址 | | | | | | | | DP1L | 数据指针 DPTR1 低 8 位 |
| 83H | 不可位寻址 | | | | | | | | DP0H | 数据指针 DPTR0 高 8 位 |
| 82H | 不可位寻址 | | | | | | | | DP0L | 数据指针 DPTR0 低 8 位 |
| 81H | 不可位寻址 | | | | | | | | SP | 堆栈指针 |
| 80H | 87H | 86H | 85H | 84H | 83H | 82H | 81H | 80H | P0 | I/O 端口 0 |
|  | P0.7 | P0.6 | P0.5 | P0.4 | P0.3 | P0.2 | P0.1 | P0.0 |  |  |

由表 2-3 可以看出，在特殊功能寄存器中，有 11 个具有位寻址能力，其字节地址正好能够被 8 整除。常用的特殊功能寄存器介绍如下：

1）累加器 ACC（E0H）。累加器 ACC 是 51 系列单片机最常用、最忙碌的 8 位特殊功能寄存器，许多指令的操作数取自 ACC，许多运算结果也存于 ACC 中。

2）寄存器 B（F0H）。在乘、除指令中用到了 8 位寄存器 B。乘法指令的两个操作数分别取自 A 和 B，乘积也存放于 A 和 B 两个 8 位寄存器中。在除法指令中，A 中存放被除数，B 中存放除数，商存放于 A 中，余数存放于 B 中。在不进行乘除运算的其他指令中，B 可作为一般通用寄存器或一个 RAM 单元使用。

3）程序状态寄存器 PSW（D0H）。PSW 是一个 8 位特殊功能寄存器，寄存器中的每一位包含了程序执行后的状态信息，供程序查询或判别用。PSW 程序状态字见表 2-4。

**表 2-4　PSW 程序状态字**

| 位 | D7 | D6 | D5 | D4 | D3 | D2 | D1 | D0 |
|---|---|---|---|---|---|---|---|---|
| 位名称 | CY | AC | F0 | RS1 | RS0 | OV | — | P |
| 位意义 | 进位、借位 | 辅进 | 用户标定 | 寄存器组选择 | | 溢出 | 保留 | 奇/偶 |

① P（PSW.0）：奇偶校验标志位。程序中每条指令执行完以后，该位始终跟踪累加器 A 中 1 的个数。若 A 中 1 的个数为奇数，则 P = 1；如果 A 中 1 的个数为偶数，则 P = 0。P 常用于检验串行通信中的数据传送是否出错。

② PSW.1：保留位，在 89C52 单片机中为 F1 用户标志位。

③ OV（PSW.2）：溢出标志位。在进行补码运算时，当运算结果超出 −128 ~ +128 范围时，称为溢出。若有溢出，OV 位由硬件自动置 "1"；无溢出时，OV 位由硬件自动置 "0"。

④ RS0 和 RS1（PSW.3 和 PSW.4）：工作寄存器组选择控制位。这两位的值决定选择哪一组工作寄存器作为当前工作寄存器组。用户可以通过软件改变 RS0 和 RS1 的组合来选择哪一组为当前工作寄存器组。单片机上电复位后，默认 RS0 = 0，RS1 = 0，则 CPU 自动选择第 0 组为当前工作寄存器组。如果想改变寄存器组，则通过传送指令对 PSW 整字节或位进行操作，进而对 RS0 和 RS1 的值进行改变，以切换当前工作寄存器组。

⑤ F0（PSW.5）：用户标志位。用户根据自己具体的需要对 F0 赋予一定的含义，由用

户置位或复位，以作为软件标志。

⑥ AC（PSW.6）：半进位标志位，也称为辅助进位标志位。当进行加法（或减法）操作时，如果运算结果的低半字节（位 3）有进位（或借位），则 AC 位由硬件自动置"1"，如果没有进位（或借位），则 AC 自动清零。

⑦ CY（PSW.7）：进位标志位。当进行加法（或减法）操作时，如果运算结果的最高位（位 7）向前有进位（或借位），则 CY 位由硬件自动置"1"，如果没有进位（或借位），则 CY 自动清零。

4）堆栈指针 SP（81H）。堆栈指针 SP 为 8 位特殊功能寄存器，其内容可指向片内 RAM 中 00H ~ 7FH 的任何单元。系统复位后，SP 初始化 07H 的 RAM 单元。89C52 单片机设有堆栈，在片内 RAM 中专门开辟出来一个区域，数据的存取是以"后进先出"的结构来处理的，这种结构方式在处理中断和调用子程序时非常方便。

5）数据指针 DPTR。DPTR 是一个 16 位特殊功能的寄存器，其高位字节寄存器用 DPH 表示，低位字节寄存器用 DPL 表示。DPTR 既可以作为 16 位寄存器来处理，又可以作为两个独立的 8 位寄存器 DPH 和 DPL 来处理。DPTR 主要用于存放 16 位地址，用于访问片外 64KB RAM，作间接寻址。

6）I/O 端口 P0 ~ P3（80H，90H，A0H，B0H）。P0 ~ P3 为 4 个 8 位特殊功能寄存器，是 4 个并行 I/O 端口的锁存器。

7）PC 程序计数器 16 位（TH2，TL2），不可位寻址。

# 第 3 章　51 系列单片机汇编语言程序设计

程序设计就是编制计算机的程序，即应用计算机所能识别、接受的语言把要解决问题的步骤有序地描述出来。

## 3.1　程序设计简介

### 3.1.1　程序设计语言的种类

程序设计语言一般分为机器语言、汇编语言、高级语言。机器语言是用二进制代码表示的计算机唯一能识别和执行的最原始的程序设计语言。汇编语言是利用指令助记符来描述的程序设计语言。高级语言接近于人的自然语言，是面向过程而独立于机器的通用语言。

这里的语言与我们通常理解的语言是有区别的，它指的是为开发单片机而设计的程序语言。通俗地讲，计算机程序语言是一种设计工具，设计单片机的程序当然也要有这样一种工具。单片机的设计语言基本上有以下三类：

**1. 完全面向机器的机器语言**　机器语言就是能被单片机直接识别和执行的语言。计算机能识别的是数字 0 或 1，所以机器语言就是用一连串的 0 或 1 来表示的数字。例如，"MOV　A，40H"用机器语言来表示就是 11100101 0100000。很显然，用机器语言来编写单片机的程序不太方便，也不好记忆，必须想办法用更好的语言来编写单片机的程序。于是，就有了专门为单片机开发而设计的语言——汇编语言。

**2. 汇编语言**　汇编语言也称为符号化语言，它使用助记符来代替二进制的 0 和 1。例如，"MOV　A，40H"就是汇编语言。显然，用汇编语言写成的程序比用机器语言写成的程序好学也好记，所以单片机的指令普遍采用汇编指令来编写。用汇编语言写成的程序称为源程序或源代码。但是，计算机不能识别和执行用汇编语言写成的程序，需要通过翻译把源代码译成机器语言，这个过程就称为汇编。现在，汇编工作都是由计算机借助汇编程序自动完成的，但在很早以前，它是靠手工来完成的。值得注意的是：汇编语言也是面向机器的，它仍是一种低级语言。每一类计算机都有它自己的汇编语言，如 51 系列单片机、PLC、微型计算机都有它们自己的汇编语言。但是，它们的指令系统是各不相同的，也就是说，不同的单片机有不同的指令系统，并且它们之间是不通用的，这就是单片机有很多类型的缘故。为了解决这个问题，人们想了很多的办法，设计了许多高级计算机语言，而现在最适合单片机编程的就要数 C 语言了。

**3. 单片机高级语言**（C 语言）　C 语言是一种通用的计算机程序设计语言，它既可以用来编写通用计算机的系统程序，又可以用来编写一般的应用程序。它由于具有直接操作计算机硬件的功能，所以非常适用来编写单片机的程序。与其他的计算机高级程序设计语言相比，它具有以下的特点：

（1）语言规模小，使用简单。在现有的计算机设计程序中，C 语言的规模是最小的。

ANSI C 标准的 C 语言一共只有 32 个关键字，9 种控制语句。然而，它的书写形式却比较灵活，表达方式简洁，用简单的方法就可以构造出相当复杂的数据类型和程序结构。

（2）可以直接操作计算机硬件。C 语言能够直接访问单片机的物理空间地址、单片机内部存储器和 I/O 端口，也可以直接访问片内或片外存储器，还可以进行各种位操作。

（3）表达能力强，表达方式灵活。C 语言有丰富的数据结构类型，可以采用整型、实型、字符型、数组类型、指针类型、结构类型、联合类型、枚举类型等多种数据类型来实现各种复杂数据结构的运算。利用 C 语言提供的多种运算符，可以组成各种表达式，还可以采用多种方法来获得表达式的值，从而使程序设计具有更大的灵活性。

### 3.1.2　汇编语言的编辑与汇编

**1. 汇编语言的编辑**　编写程序，并以文件的形式存储于磁盘中的过程称为源程序的编辑。编辑好的源程序应以 ".ASM" 扩展名存盘，以备汇编程序时调用。在计算机上编辑源程序时，常利用计算机中常用的编辑软件（EDLIN、PE 等），或者利用开发系统中提供的编辑环境。

**2. 汇编语言的汇编**　汇编就是把汇编语言源程序翻译成目标代码（机器码）的过程。汇编语言源程序的汇编有以下两种方法。

（1）人工汇编：是指利用人脑直接把汇编语言源程序翻译成机器码的过程。其特点是简单易行，但效率低，出错率高。

（2）机器汇编：利用软件（称为汇编程序）自动把汇编语言源程序翻译成目标代码的过程。汇编工作由计算机完成，在一般的单片机开发系统中都能实现汇编语言源程序的汇编。源程序经过机器汇编后，形成的若干文件中含有两个主要文件，一个是列表文件（扩展名为 ".LST"），另一个是目标码文件（扩展名为 ".OBJ"）。

工程中应用的程序都是采用机器汇编来实现的。通用的 MCS—51 汇编程序文件为 "MCS—51.EXE"，它能实现对汇编语言源程序文件的汇编。汇编语言源程序文件为 "文件名.ASM"，经汇编程序汇编后生成的打印文件为 "文件名.PRT"，生成的列表文件为 "文件名.LST"，生成的目标文件为 "文件名.OBJ"，最后生成的可执行文件为 "文件名.EXE"。

### 3.1.3　汇编语言的开发系统

**1. 单片机开发系统**　单片机开发系统在单片机应用系统设计中占有重要的地位，是单片机应用系统设计中不可缺少的开发工具。在单片机应用系统设计的仿真调试阶段，必须借助于单片机开发系统进行模拟、调试程序，检查硬件、软件的运行状态，并随时观察运行的中间过程，但不改变运行中的原有数据，从而实现模拟现场的真实调试。

**2. 单片机开发系统应具备的功能**

（1）方便地输入和修改用户的应用程序。

（2）对用户系统硬件电路进行检查和诊断。

（3）将用户源程序编译成目标代码并固化到相应的 ROM 中去，并能在线仿真。

（4）以单步、断点、连续等方式运行用户程序，能正确反映用户程序执行的中间状态，即能实现动态实时调试。

**3. 常用的 MCS—51 开发系统**

（1）Keil C51 单片机仿真器。

（2）广州周立功单片机发展有限公司的 TKS 系列仿真器。

（3）Flyto Pemulator 单片机开发系统。

（4）Medwin 集成开发环境。

（5）E6000 系列仿真器。

### 3.1.4　汇编语言的调试

**1. 单片机开发系统的调试功能**

（1）运行控制功能。

（2）对应用系统状态的读出功能。

（3）跟踪功能。

**2. 常见的软件错误**

（1）逻辑错误：主要是语法错误。

（2）功能错误：主要是设计思想或算法导致不能实现软件功能的错误。

（3）指令错误：是指在编辑应用指令时所产生的错误，如指令疏漏、位置不妥、指令不当和非法调用等。

（4）程序跳转错误：是指程序运行不到指定的地方或发生死循环等。

（5）子程序错误。

（6）动态错误，即系统动态性能没有达到设计指标的错误，如控制系统的实时响应速度、显示器的亮度、定时器的精度等达不到设计指标。

（7）上电复位电路的错误。

（8）中断程序错误，即现场的保护与恢复错误、触发方式错误等。

**3. 单片机开发调试时应注意的问题**

（1）使用总线不外引的单片机。

（2）使用中、高档的单片机仿真工具。

（3）充分利用集成开发平台。

### 3.1.5　汇编语言的指令类型

MCS—51 系列单片机汇编语言包含两类不同性质的指令。

**1. 基本指令**　即指令系统中的指令。它们都是机器能够执行的指令，每一条指令都有对应的机器码。

**2. 伪指令**　汇编时用于控制汇编的指令。它们都是机器不执行的指令，无机器码。

### 3.1.6　数据的表示方法

**1. 二进制数**　由 0、1 组成，逢 2 进 1 的数制，如 01011110B（0～1，后缀 B 或 b）

**2. 十六进制数**　便于读写记忆的二进制数的简写形式（0～F，后缀 H 或 h）。

**3. 十进制数**　可用二进制数表示（也称为 BCD 码，0～9 表示为 0000～1001B），也可用十进制数表示（后缀 D 或 d，也可以无后缀）。

### 3.1.7　汇编语言编程的方法和技巧

**1. 模块化程序设计方法**　所谓的模块化设计，简单地说就是程序的编写不是从一开始就逐条录入计算机语句和指令，而是用主程序、子程序、子过程等框架把软件的主要结构和流程描述出来，并定义和调试好各个框架之间的输入、输出链接关系。

逐步求精的结果是得到一系列以功能块为单位的算法描述。以功能块为单位进行程序设计，实现其求解算法的方法称为模块化。模块化的目的是为了降低程序的复杂程度，使程序设计、调试和维护等操作简单化。

（1）模块化的优点。应用程序一般都由一个主程序（包括若干个功能模块）和多个子程序构成。每一程序模块都能完成一个明确的任务，实现某个特定功能，如接收、发送、延时、显示、打印等。采用模块化编程有以下优点：

1）便于分工，可使多个合作者分工协作，同时进行程序的编写和调试工作，提高了程序的开发效率。

2）程序可读性好，便于功能扩充和版本升级。

3）对于某一功能模块，功能单一，可局部进行编写、调试和修改。

4）对于频繁调用的子程序，可以建立子程序库，便于多个模块调用。

（2）划分模块的原则。划分模块是指分析一个完整的开发系统的功能，然后确定需要几个模块，并了解各模块的功能，确定其数据结构以及与其他模块的关系，接着对每个模块的任务进一步细化，把一些专用的子任务交给下一级模块完成，直到分成能够实现和理解的小任务模块为止。划分模块应遵循以下原则：

1）每个模块应具有独立的功能，能产生一个明确的结果。

2）模块之间的控制耦合尽量简单，数据耦合尽量少。

3）模块长度适中。模块的长度通常为 20～100 条语句较为合适。

**2. 编程技巧**

（1）对于通用的子程序，除了用于存放子程序入口参数的寄存器外，调用子程序时，应将子程序中用到的其他寄存器的内容压入堆栈，返回前再弹出，一般不必把标志寄存器压入堆栈。

（2）在中断处理过程中，难免对标志位产生影响，而中断返回时可能会遇到以中断前的状态标志为依据的条件转移指令，如果在中断处理时标志位被破坏了，则整个程序也就被打乱了。由于中断请求是随机产生的，所以在中断处理程序中，除了保护处理程序中用到的寄存器外，还要保护标志位。

（3）通过累加器传递程序的入口参数和返回参数。

（4）尽量少用无条件转移指令。

（5）尽量采用循环结构和子程序设计。

（6）对于模块和子程序，应加必要的注释，以增加程序的可读性，便于调试。

### 3.1.8　汇编语言程序设计的步骤

汇编语言程序设计就是根据任务要求采用汇编语言编制程序的过程。

**1. 汇编语言程序设计的步骤**

（1）拟订设计任务书。

（2）建立数学模型。

（3）确定算法。

（4）分配内存单元，编制程序流程图。

（5）编制源程序：进一步合理分配存储器单元和了解 I/O 接口地址；按功能设计程序，明确各程序之间的相互关系；用注释说明程序，以便于阅读和修改、调试。

（6）上机调试。

（7）程序优化。

**2. 编制程序流程图**　编制程序流程图是指用各种图形、符号、流向线等来说明程序设计的过程。国际通用的图形和符号说明如下：

（1）椭圆框：开始和结束框，在程序的开始和结束时使用。

（2）矩形框：处理框，表示要进行的各种操作。

（3）菱形框：判断框，表示条件判断，以决定程序的流向。

（4）流向线：流程线，表示程序执行的流向。

（5）圆圈：连接符，表示不同页之间的流程连接。

国际通用的流程图图形符号如图 3-1 所示。

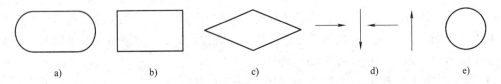

图 3-1　国际通用的流程图图形符号

a）开始框和结束框　b）处理框　c）判断框　d）流向线　e）圆圈

## 3.2　程序设计基础

### 3.2.1　汇编语言的特点

（1）助记符指令和机器指令一一对应，所以用汇编语言编写程序的效率高，占用存储空间少，运行速度快。因此，汇编语言能编写出最优化的程序。

（2）使用汇编语言编程比使用高级语言编程困难，因为汇编语言是面向计算机的，汇编语言的程序设计人员必须对计算机硬件有相当深入的了解。

（3）汇编语言能直接访问存储器及接口电路，也能处理中断，因此汇编语言程序能够直接管理和控制硬件设备。

（4）汇编语言缺乏通用性，程序不易移植。各种计算机都有自己的汇编语言，不同计算机的汇编语言之间不能通用。但是，掌握了一种计算机系统的汇编语言后，学习其他的汇编语言就不太困难了。

### 3.2.2　汇编语言的语句格式

［＜标号＞］：＜操作码＞［＜操作数＞］；［＜注释＞］

可以看出，一条汇编语句由标号、操作码、操作数和注释四部分所组成，其中，方括号括起来的是可选择部分，可有可无，视需要而定。

（1）标号字段和操作码字段之间要有冒号相隔。

（2）操作码字段和操作数字段间的分界符是空格。

（3）双操作数之间用逗号相隔。

（4）操作数字段和注释字段之间的分界符用分号相隔。

（5）操作码字段为必选项，其余各段为任选项。

## 3.3　伪指令

伪指令是程序员发给汇编程序的命令，也称为汇编命令或汇编程序控制指令。伪指令不是真正的指令，无对应的机器码，在汇编时不产生目标程序（机器码），只是用来对汇编过程进行某种控制。

51 系列单片机汇编语言程序中常用的伪指令见表 3-1。

表 3-1　51 系列单片机汇编语言程序中常用的伪指令

| 伪指令名称 | 含　义 | 使用格式 |
|---|---|---|
| ORG（ORiGin） | 汇编起始地址命令 | ［＜标号：＞］ORG ＜地址＞ |
| END（END of Assembly） | 汇编终止命令 | ［＜标号：＞］END ［＜表达式＞］ |
| EQU（EQUate） | 赋值命令 | ＜字符名称＞ EQU ＜赋值项＞ |
| DB（Define Byte） | 定义字节命令 | ［＜标号：＞］DB ＜8 位数表＞ |
| DW（Define Word） | 定义数据字命令 | ［＜标号：＞］DW ＜16 位数表＞ |
| DS（Define Storage） | 定义存储区命令 | ［＜标号：＞］DS ＜表达式＞ |
| BIT | 位定义命令 | ＜字符名称＞ BIT ＜位地址＞ |
| DATA | 数据地址赋值命令 | ＜字符名称＞ DATA ＜表达式＞ |

### 1. ORG 汇编起始地址命令

　　　　　　　　［＜标号：＞］ORG ＜地址＞

例如：

　　　　ORG　0100H

START：MOV　A，#50H

　　　　　…

伪指令 ORG 规定了程序的第一条指令从地址 0100H 单元开始存放，即标号 START 的值为 0100H。

通常，在汇编语言源程序的开始都要设置一条 ORG 伪指令来指定该程序在存储器中存放的起始地址。若省略 ORG 伪指令，则程序段从 0000H 单元开始存放。

ORG 可以多次出现在程序的任何地方，当其出现时，下一条指令的地址就由此重新定位。

注意：程序中 ORG 所规定的地址应从小到大，绝对不允许有重叠。

### 2. END 汇编终止命令

　　　　　　　　［＜标号：＞］END ［＜表达式＞］

END 命令通知汇编程序结束汇编。在 END 之后，所有的汇编语言指令均不予处理。

注意：一个源程序只能有一个 END 伪指令。

### 3. EQU 赋值命令

　　　　　　　　＜字符名称＞ EQU ＜赋值项＞

例如：

    SSIO＿NO   EQU  2CH

    SSIO＿TEMP   EQU  2DH

EQU 命令是把"赋值项"赋给"字符名称"。其中的"赋值项"可以是数，也可以是汇编符号。用 EQU 赋过值的字符名称可以用作数据地址、代码地址、位地址或是一个立即数，因此所赋的值可以是 8 位的，也可以是 16 位的。

**4. DB 定义字节命令**

[ <标号：> ] DB <8 位数表>

8 位数表可以是 1B 且用逗号隔开的字节串或括在单引号中的 ASCII 字符串。它通知汇编程序从当前 ROM 地址开始，保留 1B 或字节串的存储单元，并存入 DB 后面的数据。例如：

    ORG  0100H

    DB  11H

STR：DB 'ab'

经汇编后，则有：（0100H）= 11H，（0101H）= 97H，（0102H）= 98H。其中，97H、98H 分别为 a、b 的 ASCII 编码值。

**5. DW 定义数据字命令**

[ <标号：> ] DW <16 位数表>

该指令把 DW 后的 16 位数表从当前地址连续存放，每项数值为 16 位二进制数，高 8 位先存放，低 8 位后存放。DW 常用于定义一个地址表。例如：

    ORG  0100H

TABLE：DW  1122H，35H

经汇编后则有：（0100H）= 11H，（0101H）= 22H，（0102H）= 00H，（0103H）= 35H。

**6. DS 定义存储区命令**

[ <标号：> ] DS <表达式>

在汇编时，从制定地址开始保留 DS 之后表达式的值所规定的存储单元，以备后用。例如：

    ORG  0100H

    DS  02H

    DW  1122H

汇编以后，从 0100H 保留 2 个单元，然后从 0102H 开始按 DW 命令给内存赋值，则（0102H）= 11H，（0103H）= 22H。

**7. BIT 位定义命令**

<字符名称> BIT <位地址>

该命令的功能是把 BIT 之后的位地址值赋给字符名。例如：

    BIT＿NOW   EQU  26H

    BIT0＿N   BIT   BIT＿NOW.0

    BIT1＿N   BIT   BIT＿NOW.1

    BIT2＿N   BIT   BIT＿NOW.2

```
BIT3 _ N    BIT    BIT _ NOW. 3
BIT4 _ N    BIT    BIT _ NOW. 4
BIT5 _ N    BIT    BIT _ NOW. 5
BIT6 _ N    BIT    BIT _ NOW. 6
BIT7 _ N    BIT    BIT _ NOW. 7
```

**8. DATA 数据地址赋值命令**

＜字符名称＞ DATA ＜表达式＞

该指令是将数据地址或代码地址赋予规定的字符名称。DATA 伪指令的功能与 EQU 相似，主要区别为：

（1）EQU 伪指令必须先定义后使用，而 DATA 伪指令无此限制。

（2）EQU 伪指令可以把一个汇编符号赋给一个字符名称，而 DATA 只能把数据赋给字符名称。

（3）DATA 语句中可以把一个表达式的值赋给字符名称，其中的表达式应是可求值的。

（4）DATA 伪指令常在程序中用来定义数据地址。

## 3.4　程序设计结构

程序设计分为顺序程序设计、分支程序设计、循环程序设计、查表程序设计、子程序设计和散转程序设计 6 种。

### 3.4.1　顺序程序的设计

特点：顺序结构程序是最简单、最基本的程序。程序按编写的顺序依次往下执行每一条指令，直到最后一条。它能够解决某些实际问题，或成为复杂程序的子程序。

**例 1**　单字节十六进制整数转换成单字节 BCD 码整数的子程序。

入口条件：待转换的单字节十六进制整数在 HEX _ DATA _ LOW。

出口信息：转换后的 BCD 码整数，百位在 BCD _ DATA _ 3，十位在 BCD _ DATA _ 2，个位在 BCD _ DAT A _ 1。

影响资源：PSW、A、B。

堆栈需求：2B。

程序如下：

```
        ORG   1000H
HBCD:  MOV   A, HEX _ DATA _ LOW
        MOV   B, #100              ; 分离出百位，存放在 BCD _ DATA _ 3 中
        DIV   AB
        MOV   BCD _ DATA _ 3, A
        MOV   A, B                 ; 余数继续分离十位和个位
        MOV   B, #10
        DIV   AB
        MOV   BCD _ DATA _ 2, A
        MOV   BCD _ DATA _ 1, B
```

```
        RET
```

**例2** 利用查表指令，将内部 RAM 中 20H 单元的压缩 BCD 码拆开，转换成相应的 ASCII 码存入 21H、22H 中，其中高位存在 22H。

**解** BCD 码的 0~9 对应的 ASCII 码为 30H~39H，将 30H~39H 按大小顺序排列放入表 TABLE 中，先将 BCD 码拆分，并将拆分后的 BCD 码送入 A，表首地址送入 DPTR，然后利用查表指令"MOVC A，@ A + DPTR"查表即得结果，然后将结果存入 21H、22H 中。

程序如下：

```
        ORG    1000H
START： MOV    DPTR，#TABLE
        MOV    A，20H
        ANL    A，#0FH
        MOVC   A，@ A + DPTR
        MOV    21H，A
        MOV    A，20H
        ANL    A，#0F0H
        SWAP   A
        MOVC   A，@ A + DPTR
        MOV    22H，A
        SJMP   $
TABLE： DB   30H，31H，32H，33H，34H
        DB   35H，36H，37H，38H，39H
        END
```

### 3.4.2 分支程序的设计

特点：根据不同的条件确定程序的走向，主要靠条件转移指令、比较转移指令和位转移指令来实现。

分支程序的设计要点如下：

（1）先建立可供条件转移指令测试的条件。

（2）选用合适的条件转移指令。

（3）在转移的目的地址处设定标号。

**1. 单分支程序**

**例3** 变量 $X$ 存放在 VARI 单元内，函数值 $Y$ 存放在 RESL 单元中，试按下式的要求给 $Y$ 赋值。

$$Y = \begin{cases} 1 & X > 0 \\ 0 & X = 0 \\ -1 & X \leqslant 0 \end{cases}$$

本题的程序流程图如图 3-2a 所示。

参考程序：

```
        ORG    1000H
        VARI   DATA   20H
```

```
        RESL  DATA  21H
        MOV  A, VARI                          ; A ← X
        JZ  FINI                             ; 若 X = 0，则转 FINI
        JNB  ACC.7, POSI                     ; 若 X > 0，则转 POSI
        MOV  A, # 0FFH                       ; 若 X < 0，则 Y = - 1
        SJMP  FINI
POSI：  MOV  A, # 01H                        ; 若 X > 0，则 Y = 1
FINI：  MOVE  RELS, A                        ; 存函数值
        SJMP  $
        END
```

这个程序的特征是先比较判断，然后按比较结果赋值。这实际是三分支而归一的流程图，因此，至少要用两个转移指令。初学者很容易犯的一个错误是漏掉其中的"SJMP FINI"语句，因为流程图中没有明显的转移痕迹。

这个程序也可以按图 3-2b 所示流程来编写，其特征是先赋值，后比较判断，然后修改赋值并结束。

参考程序：

```
        ORG  1000H
        VARI  DATA  20H
        RESL  DATA  21H
        MOV  A, VARI             ; A←X
        JZ  FINI                 ; 若 X = 0，则转 FINI
        MOV  R0, # 0FFH          ; 先设 X < 0，R0 = FFH
        JB  ACC.7, NEG           ; 若 X < 0，则转 NEG
        MOV  R0, # 01H           ; 若 X > 0，则 R0 = 1
NEG：   MOV  A, R0               ; A←R0
FINI：  MOV  RESL, A             ; 存函数值
        SJMP  $
        END
```

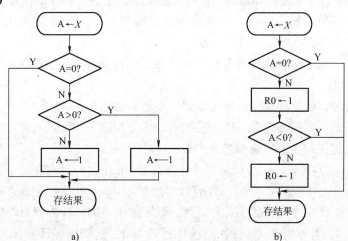

a)　　　　　　　　　　　　　b)

图 3-2　例 3 的程序流程图

**2. 多分支程序**　对于多分支程序，首先根据程序要处理的多种情况进行排序，然后按照序号值进行转移。假如分支转移的最大值是 $n$，则多分支程序结构如图 3-3 所示。例如，对于按键程序，将每个键处理的事务用不同的程序处理，并把这些程序进行编号，当按下某个键时，首先进行判断，假设按下的是 1 键，那么程序判断是 1 键之后，转到 1 键处理的子程序中。

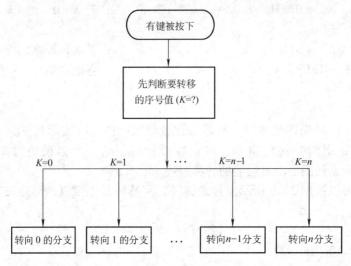

图 3-3　多分支程序结构

### 3.4.3　循环程序的设计

特点：程序中含有可以重复执行的程序段（循环体），采用循环程序可以有效地缩短程序，减少程序占用的内存空间，使程序的结构紧凑，可读性好。

组成：循环程序一般由以下四部分组成。

（1）循环初始化：位于循环程序开头，用于完成循环前的准备工作，如设置各工作单元的初始值以及循环次数。

（2）循环体：循环程序的主体，位于循环体内，是循环程序的工作程序，在执行过程中会被多次重复使用。要求循环体编写得应尽可能简练，以提高程序的执行速度。

（3）循环控制：位于循环体内，一般由循环次数修改、循环修改和条件语句等组成，用于控制循环次数和修改每次循环时的参数。

（4）循环结束：用于存放执行循环程序所得的结果以及恢复各工作单元的初值。

循环程序的结构：

（1）先循环处理，后循环控制，即先处理后控制，如图 3-4a 所示。

（2）先循环控制，后循环处理，即先控制后处理，如图 3-4b 所示。

51 系列单片机提供两条循环转移指令，即：

　　DJNZ　Rn，LOOP　　　；采用工作寄存器 Rn 作为控制寄存器

　　DJNZ　direct，LOOP　；采用直接寻址单元 direct 作为控制寄存器

控制寄存器的计数方式一般都是减 1 计数，即每循环一次，计数器自动减 1，同时判断控制寄存器是否为 0，若不为 0，继续执行循环；若为 0，则结束循环程序。循环次数需要在初始化的时候预置，循环次数的范围为 1～255。如果在实际问题中需超过 255 个循环，

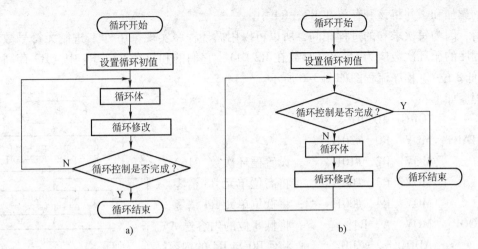

图 3-4　循环控制结构

a）先处理后控制　b）先控制后处理

则采用多重循环来实现。

循环程序按结构形式分，有单重循环与多重循环。

**1. 单重循环程序**　循环体内部不包括其他循环的程序称为单重循环程序。

**例 4**　编制程序，将片内 RAM 20H～3FH 单元中的内容传送至片外 RAM 中以 2000H 开始的单元中。

**解**　因为每次传送数据的过程相同，所以可以用循环程序实现。20H～3FH 共 32 个单元，循环次数应为 32 次（保存在 R2 中），为了方便修改每次传送数据时的地址，将片内 RAM 数据区首地址送 R0，片外 RAM 数据区首地址送 DPTR。程序流程图如图 3-5 所示。

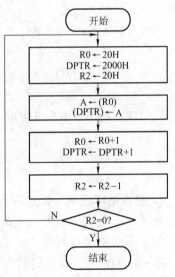

图 3-5　例 4 的程序流程图

程序如下：

```
        ORG   1000H
START:  MOV   R0, #20H
        MOV   DPTR, #2000H
        MOV   R2, #20H          ; 设置循环次数
LOOP:   MOV   A, @R0            ; 将片内 RAM 数据区内容送 A
        MOVX  @DPTR, A          ; 将 A 的内容送片外 RAM 数据区
        INC   R0               ; 源地址递增
        INC   DPTR             ; 目的地址递增
        DJNZ  R2, LOOP          ; 若 R2 不为 0，则转到 LOOP 继续循环，否则
                                  循环结束
        SJMP  $
        END
```

**例 5**　已知片内 RAM 的 30H～3FH 单元中存放了 16 个二进制无符号数，编制程序计算

它们的累加和，并将该和存放在 R3、R4 中。

**解**　因为每次求和的过程相同，所以可以用循环程序实现。16 个二进制无符号数求和，循环程序的循环次数应为 16 次（存放在 R2 中），它们的和放在 R3、R4 中（R3 存高 8 位，R4 存低 8 位）。程序流程图如图 3-6 所示。

程序如下：

```
        ORG   1000H
START：MOV   R0，#30H
        MOV   R2，#10H      ; 设置循环次数（16）
        MOV   R3，#00H      ; 将高位单元 R3 清零
        MOV   R4，#00H      ; 将低位单元 R4 清零
LOOP：MOV   A，R4          ; 将低 8 位的内容送 A
        ADD   A，@ R0        ; 将 @ R0 与 R4 的内容
                              相加并产生进位 CY
        MOV   R4，A          ; 将低 8 位的结果送 R4
        CLR   A              ; 将 A 清零
        ADDC  A，R3          ; 将 R3 的内容和 CY 相
                              加
        MOV   R3，A          ; 将高 8 位的结果送 R3
        INC   R0             ; 地址递增（加 1）
        DJNZ  R2，LOOP       ; 若循环次数减 1 不为 0，则转到 LOOP 处循环，否则，
                              循环结束
        SJMP   $
        END
```

图 3-6　例 5 的程序流程图

**2. 多重循环程序**　若循环中还包括有循环，则称为多重循环（或循环嵌套）。

**例 6**　设计并编制 50ms 延时程序。

**解**　延时程序与 MCS—51 指令执行时间（机器周期数）和晶振频率 $f_{OSC}$ 有直接关系。当 $f_{OSC} = 12\text{MHz}$ 时，机器周期为 $1\mu s$，而执行一条 DJNZ 指令需要 2 个机器周期，所以时间为 $2\mu s$。$50\text{ms}/2\mu s > 255$，因此单重循环程序无法实现，可采用双重循环的方法编写 50ms 延时程序。

程序如下：

```
        ORG   1000H
DELAY：MOV   R6，#200       ; 设置外循环次数（此条指令需要 1 个机器周期）
LOOP1：MOV   R5，#123       ; 设置内循环次数
LOOP2：DJNZ  R5，LOOP2      ; R5 - 1 = 0，则顺序执行，否则转回 LOOP2 继续
                              循环，延时时间为 2μs × 123 = 246μs
        NOP                 ; 延时时间为 1μs
        DJNZ  R6，LOOP1      ; R6 - 1 = 0，则顺序执行，否则转回 LOOP1 继续循
                              环，延时时间为（246 + 2 + 1 + 1）μs × 200 + 2μs +
                              1μs = 50.003ms
```

```
          RET                    ；子程序结束
          END
```

**例7** 数据排序程序。假定 10 个数连续存放在以 20H 为首地址的内部 RAM 单元中，使用冒泡法进行升序排序编程。设 R7 为比较次数计数器，初始值为 09H。EXCH0 为冒泡过程中是否有数据交换的状态标志，EXCH0 = 0 表明无交换发生，EXCH0 = 1 表明有交换发生。数据排序程序流程图如图 3-7 所示。

程序如下：

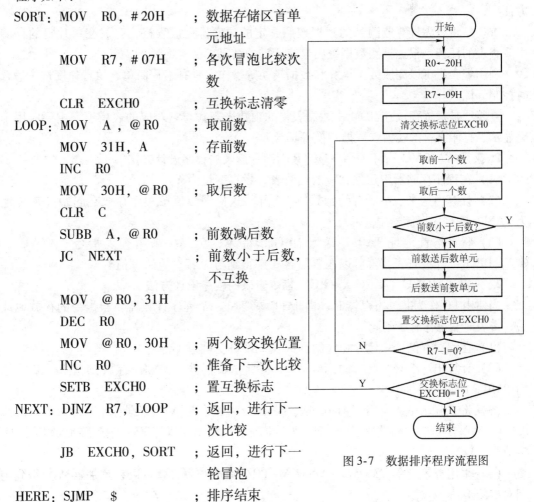

```
SORT：MOV   R0，#20H      ；数据存储区首单
                            元地址
      MOV   R7，#07H       ；各次冒泡比较次
                            数
      CLR   EXCH0          ；互换标志清零
LOOP：MOV   A，@R0         ；取前数
      MOV   31H，A         ；存前数
      INC   R0
      MOV   30H，@R0       ；取后数
      CLR   C
      SUBB  A，@R0         ；前数减后数
      JC    NEXT           ；前数小于后数，
                            不互换
      MOV   @R0，31H
      DEC   R0
      MOV   @R0，30H       ；两个数交换位置
      INC   R0             ；准备下一次比较
      SETB  EXCH0          ；置互换标志
NEXT：DJNZ  R7，LOOP       ；返回，进行下一
                            次比较
      JB    EXCH0，SORT    ；返回，进行下一
                            轮冒泡
HERE：SJMP  $              ；排序结束
```

图 3-7　数据排序程序流程图

编写循环程序时应注意的问题：

（1）循环程序是一个有始有终的整体，它的执行是有条件的，所以要避免从循环体外部直接转到循环体内部。

（2）多重循环程序是从外层向内层一层一层地进入的，循环结束时是由内层到外层一层一层地退出的。在多重循环中，只允许外重循环嵌套内重循环，不允许循环相互交叉，也不允许从循环程序的外部跳入循环程序的内部。

（3）编写循环程序时，首先要确定程序结构，处理好逻辑关系。一般情况下，一个循环体的设计可以从第一次执行情况入手，先画出重复执行的程序框图，然后再加上循环控制和置循环初值部分，使其成为一个完整的循环程序。

（4）循环体是循环程序中重复执行的部分，应仔细推敲，合理安排，并从改进算法、选择合适的指令入手对其进行优化，以达到缩短程序执行时间的目的。

### 3.4.4　查表程序的设计

在实际应用中，对于一些复杂的运算，其汇编程序长，难于计算，并且占用很长的CPU 时间。另外，对于一些非线性的运算，用汇编语言几乎无法处理，此时用查表法十分方便。

查表是将事先计算或测到的数据按照一定的顺序排列成表格，存放在单片机的存储器中。查表的任务是根据被测数据查出最终所需的结果。

利用查表法可以完成数据运算和数据转换等操作，具有编程简单、执行速度快、适合实时控制等优点。

查表法是根据存放在 ROM 中数据表格的项数来查找与它对应的表中值，主要应用于数码显示、打印字符的转换、数据转换等场合。

**1. 采用“MOVC　A，@A + DPTR”指令查表的程序设计方法**

（1）在程序存储器中建立相应的函数表（设自变量为 $X$）。

（2）计算出这个表中所有的函数值 $Y$，并将这群函数值按顺序存放在起始（基）地址为 TABLE 的程序存储器中。

（3）将表格首地址 TABLE 送入 DPTR，将 $X$ 送入 A，采用查表指令“MOVC　A，@A + DPTR”完成查表，就可以在累加器 A 中得到与 $X$ 相对应的 $Y$ 值。

**2. 采用“MOVC　A，@A + PC”指令查表的程序设计方法**

当使用 PC 作为基址寄存器时，由于 PC 本身是一个程序计数器，与指令的存放地址有关，查表时其操作有所不同。

（1）在程序存储器中建立相应的函数表（设自变量为 $X$）。

（2）计算出这个表中所有的函数值 $Y$，并将这群函数值按顺序存放在起始（基）地址为 TABLE 的程序存储器中。

（3）将 $X$ 送入 A，使用“ADD　A，#data”指令对累加器 A 的内容进行修正，偏移量 data 由公式 data = 函数数据表首地址 − PC − 1 确定，即 data 值等于查表指令和函数表之间的字节数。

（4）采用查表指令“MOVC　A，@A + PC”完成查表，就可以在累加器 A 中得到与 $X$ 相对应的 $Y$ 值。

**例 8**　利用查表的方法编写 $Y = X^2 (X = 0，1，2，\cdots，9)$ 的程序。

**解**　设变量 $X$ 的值存放在内存 30H 单元中，求得的 $Y$ 值存放在内存 31H 单元中，平方表存放在首地址为 TABLE 的程序存储器中。

方法一：采用“MOVC　A，@A + DPTR”指令实现，查表过程如图 3-8 所示。根据 TABLE + $X$ 的值便可以查到 $Y$ 的值。假设 $X = 3$，则 1008H + 3 = 100BH，所以 $Y = 09H$，符合 $Y = X^2$ 的查表结果。

程序如下：

```
ORG　1000H
```

```
START：MOV    A，30H          ；将查表的变量 X 送入 A
      MOV    DPTR，#TABLE    ；将查表的 16 位基地址 TABLE 送 DPTR
      MOVC   A，@ A + DPTR   ；将查表结果 Y 送 A
      MOV    31H，A          ；将所求结果 Y 值最后放入 31H 中
TABLE：DB    0，1，4，9，16
      DB    25，36，49，64，81
      END
```

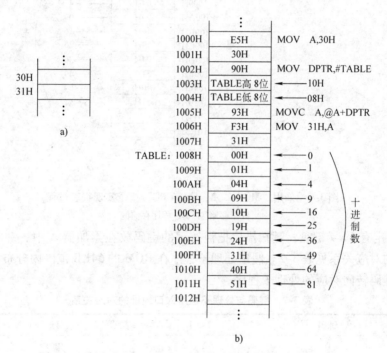

图 3-8　采用 "MOVC　A，@ A + DPTR" 指令实现查表过程

a）数据存储区　　b）程序存储区

方法二：采用 "MOVC　A，@ A + PC" 指令实现，查表过程如图 3-9 所示。根据 PC + 1 + X + 2（修正量）就可以查到 Y 的值。假设 X = 3，1004H + 1 + 3 + 2 = 100AH，所以 Y = 09H，符合 $Y = X^2$ 的查表结果。

程序如下：

```
      ORG    1000H
START：MOV    A，30H          ；将查表的变量 X 送入 A
      ADD    A，#02H         ；定位修正
      MOVC   A，@ A + PC     ；将查表结果 Y 送 A
      MOV    31H，A          ；Y 值最后放入 31H 中
TABLE：DB    0，1，4，9，16
      DB    25，36，49，64，81
      END
```

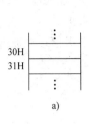

a)

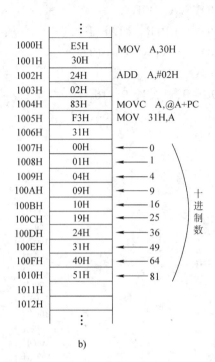

b)

图 3-9　采用"MOVC　A, @ A + PC"指令实现查表过程

a) 数据存储区　b) 程序存储区

**例 9**　假定有 4×4 键盘，键扫描后把被按键的键码放在累加器 A 中。键码与处理子程序入口地址的对应关系见表3-2。假定处理子程序在 ROM 的 64KB 范围内分布，要求以查表方法，使按键码转向对应的处理子程序。

表3-2　键码与处理子程序入口地址的对应关系

| 键码 | 入口地址 |
|------|----------|
| 0 | BK0 |
| 1 | BKl |
| 2 | BK2 |
| ⋮ | ⋮ |

参考程序如下：

```
MOV  DPTR, # TABLE        ; 子程序入口地址表首址
RL  A                     ; 键码值乘以 2
MOV  R1, A                ; 暂存 A
MOVC  A, @ A + DPTR       ; 取得入口地址低位
PUSH  A                   ; 进栈暂存
INC  A
MOVC  A, @ A + DPTR       ; 取得入口地址高位
MOV  DPH, A
POP  DPL
```

```
          CLR    A
          JMP    @ A + DPTR                    ; 转向键处理子程序
TABLE:    DB     BK0L                          ; 处理子程序入口地址表
          DB     BK0H
          DB     BK1L
          DB     BK1H
          DB     BK2L
          DB     BK2H
```

## 3.4.5　子程序的设计

能够完成确定任务，并能被其他程序反复调用的程序段称为子程序。

特点：子程序可以多次重复使用，能够避免重复性工作，缩短整个程序，节省程序存储空间，并有效地简化程序的逻辑结构，便于程序调试。

主程序：调用子程序的程序称为主程序或调用程序。

**1. 子程序的调用与返回**　在实际应用中，经常会遇到一些相同的操作，如延时操作、发送数据、接收数据、数据转换等。如果将这些操作设计成一段代码，并且这段程序可被其他程序调用，那么这些能够完成特定功能，可以被其他程序调用的程序段就称为子程序。如果相同操作通过调用子程序来实现，则会减少重复编码的麻烦，提高程序的重复利用率，使程序紧凑、结构清晰。

主程序调用子程序的过程：在主程序中需要执行这种操作的地方执行一条调用指令（LCALL 或 ACALL），转到子程序，在完成规定的操作后，再在子程序最后应用 RET 返回指令返回到主程序断点处，然后继续执行下去。

（1）子程序的调用。

1）子程序的入口地址：子程序的第一条指令地址称为子程序的入口地址，常用标号表示。

2）程序的调用过程：单片机收到 ACALL 或 LCALL 指令后，首先将当前的 PC 值（调用指令的下一条指令的首地址）压入堆栈保存（低 8 位先进栈，高 8 位后进栈），然后将子程序的入口地址送入 PC，转去执行子程序。

（2）子程序的返回。

1）主程序的断点地址：子程序执行完毕后，返回主程序的地址称为主程序的断点地址，它在堆栈中保存。

2）子程序的返回过程：子程序执行到 RET 指令后，将压入堆栈的断点地址弹回给 PC（先弹回 PC 的高 8 位，后弹回 PC 的低 8 位），使程序回到原先被中断的主程序地址（断点地址）继续执行。

**注意**：中断服务程序是一种特殊的子程序，它在计算机响应中断时，由硬件完成调用而进入相应的中断服务程序。RETI 指令与 RET 指令相似，区别在于 RET 从子程序返回，RETI 从中断服务程序返回。

**2. 保存与恢复寄存器内容**

（1）保护现场：主程序转入子程序后，保护主程序的信息不会在运行子程序时丢失的过程称为保护现场。保护现场通常在开始进入子程序时由堆栈完成。例如：

　　　　PUSH　　PSW

　　　　PUSH　　ACC

　　　　…

　　（2）恢复现场：从子程序返回时，将保存在堆栈中的主程序信息还原的过程称为恢复现场。恢复现场通常在从子程序返回之前将堆栈中保存的内容弹回各自的寄存器。例如：

　　　　…

　　　　POP　　ACC

　　　　POP　　PSW

　　**3. 子程序的参数传递**　　主程序在调用子程序时，传送给子程序参数和子程序结束后送回主程序参数的过程统称为参数传递。

　　（1）入口参数：子程序需要的原始参数。主程序在调用子程序前，将入口参数送到约定的存储器单元（或寄存器）中，然后子程序从约定的存储器单元（或寄存器）中获得这些入口参数。

　　（2）出口参数：子程序根据入口参数执行程序后获得的结果参数。子程序在结束前将出口参数送到约定的存储器单元（或寄存器）中，然后主程序从约定的存储器单元（或寄存器）中获得这些出口参数。

　　（3）传送子程序参数的方法：

　　1）应用工作寄存器或累加器传递参数。其优点是程序简单、运算速度较快，缺点是工作寄存器有限。

　　2）应用指针寄存器传递参数。其优点是能有效节省传递数据的工作量，并能实现可变长度运算。

　　3）应用堆栈传递参数。其优点是简单，能传递的数据量较大，不必为特定的参数分配存储单元。

　　4）利用位地址传送子程序参数。

　　**4. 子程序的嵌套**　　在子程序中若再调用子程序，则称为子程序的嵌套。MCS—51 系列单片机允许多重嵌套，如图 3-10 所示。

　　**5. 编写子程序时应注意的问题**

　　（1）子程序的入口地址一般用标号表示，标号习惯上以子程序的任务命名。例如，延时子程序常以 DELAY 作为标号。

　　（2）主程序通过调用指令调用子程序，子程序返回主程序之前，必须执行子程序末尾的一条返回指令 RET。

　　（3）单片机能自动保护和恢复主程序的断点地址，但对于各工作寄存器、特殊功能寄存器和内存单元的内容，则必须通过保护现场和恢复现场来实现保护。

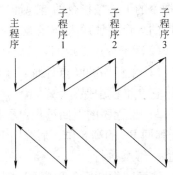

图 3-10　子程序嵌套

　　（4）子程序内部必须使用相对转移指令，以便子程序可以放在程序存储器 64KB 存储空间的任何子域中并能被主程序调用，汇编时生成浮动代码。

　　（5）子程序的参数传递方法同样适用于中断服务程序。

例 10　数制转换程序。在内部 RAM 的 HEX 单元中存有 2 位十六进制数，试将其转换为 ASCII 码，并存放于 ASC 和 ASC +1 两个单元中。

主程序（MAIN）：

```
        MOV    SP, #3FH
MAIN：  PUSH   HEX            ; 十六进制数进栈
        ACALL  HASC           ; 调用转换子程序
        POP    ASC            ; 将第一位转换结果送 ASC 单元
        MOV    A, HEX         ; 再取原十六进制数
        SWAP   A              ; 高低半字节交换
        PUSH   ACC            ; 交换后的十六进制数进栈
        ACALL  HASC
        POP    ASC +1         ; 将第二位转换结果送 ASC +1 单元
```

子程序（HASC）：

```
HASC：  DEC    SP             ; 跨过断点保护内容
        DEC    SP
        POP    ACC            ; 弹出转换数据
        ANL    A,    #0FH     ; 屏蔽高位
        ADD    A,    #7       ; 修改变址寄存器内容
        MOVC   A, @A+PC       ; 查表
        PUSH   ACC            ; 查表结果进栈
        INC    SP             ; 修改堆栈指针回到断点保护内容
        INC    SP
        RET    SP
ASCTAB：DB     "0, 1, 2, 3, 4, 5, 6, 7"  ; ASCII 码表
        DB     "8, 9, A, B, C, D, E, F"
```

例 11　定时程序。有多个定时需要时，我们可以先设计一个基本的延时程序，使其延迟时间为各定时时间的最大公约数，然后就以此基本程序作为子程序，通过调用的方法实现所需要的不同定时。例如，要求的定时时间分别为 5s、10s 和 30s，并设计一个 1s 延时子程序 DELAY，则不同定时的调用情况表示如下：

```
        MOV    R1, #05H           ; 5s 延时
LOOP0： LCALL  DELAY
        DJNZ   R1, LOOP0
          ⋮
        MOV    R1, #0AH           ; 10s 延时
LOOP1： LCALL  DELAY
        DJNZ   R1, LOOP1
          ⋮
        MOV    R1, #36H           ; 30s 延时
LOOP2： LCALL  DELAY
        DJNZ   R1, LOOP2
```

⋮

**例12** 双字节十六进制整数转换成双字节 BCD 码整数。

入口条件：待转换的双字节十六进制整数在 HEX_DATA_HIGH 和 HEX_DATA_LOW 中。

出口信息：转换后的三字节 BCD 码整数的保存方法是，万位在 BCD_DATA_5，千位在 BCD_DATA_4，百位在 BCD_DATA_3，十位在 BCD_DATA_2，个位在 BCD_DATA_1。

影响资源：PSW、A。

堆栈需求：2B。

```
HB2: CLR   A
     MOV   BCD_DATA_5, A
     MOV   BCD_DATA_4, A
     MOV   BCD_DATA_2, A
     MOV   BCDCYCLE, #10H
HB3: MOV   A, HEX_DATA_LOW
     RLC   A
     MOV   HEX_DATA_LOW, A
     MOV   A, HEX_DATA_HIGH
     RLC   A
     MOV   HEX_DATA_HIGH, A

     MOV   A, BCD_DATA_2
     ADDC  A, BCD_DATA_2
     DA    A
     MOV   BCD_DATA_2, A

     MOV   A, BCD_DATA_4
     ADDC  A, BCD_DATA_4
     DA    A
     MOV   BCD_DATA_4, A

     MOV   A, BCD_DATA_5
     ADDC  A, BCD_DATA_5
     MOV   BCD_DATA_5, A
     DJNZ  BCDCYCLE, HB3

     MOV   A, BCD_DATA_4
     ANL   A, #00001111B
     MOV   BCD_DATA_3, A
```

```
MOV   A, BCD _ DATA _ 4
ANL   A, #11110000B
RR    A
RR    A
RR    A
RR    A
MOV   BCD _ DATA _ 4, A

MOV   A, BCD _ DATA _ 2
ANL   A, #00001111B
MOV   BCD _ DATA _ 1, A
MOV   A, BCD _ DATA _ 2
ANL   A, #11110000B
RR    A
RR    A
RR    A
RR    A
MOV   BCD _ DATA _ 2, A
RET
```

### 3.4.6　散转程序的设计

　　散转程序是一种并行分支程序（多分支程序），它根据某种输入或运算结果，分别转向各个处理程序。在 MCS—51 系列单片机中，用"JMP　@ A + DPTR"指令来实现程序的散转，转移的地址最多为 256 个。其结构如图 3-11 所示。

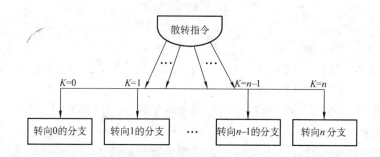

图 3-11　散转程序结构图

　　散转程序的设计方法：

　　**1. 应用转移指令表实现的散转程序**　　直接利用转移指令（AJMP 或 LJMP）将欲散转的程序组形成一个转移表，然后将标志单元内容读入累加器 A，并将转移表首址送入 DPTR 中，再利用散转指令"JMP　@ A + DPTR"实现散转。

　　**2. 应用地址偏移量表实现的散转程序**　　直接利用地址偏移量形成转移表，特点是程序简单，转移表短，转移表和处理程序可位于程序存储器的任何地方。

**3. 应用转向地址表的散转程序**　　直接使用转向地址表，表中各项即为各转向程序的入口。散转时，使用查表指令，按某单元的内容查找到对应的转向地址，并将它装入 DPTR，然后清累加器 A，再用"JMP　@ A + DPTR"指令直接转向各个分支程序。

**4. 应用 RET 指令实现散转程序**　　用子程序返回指令 RET 实现散转。其方法是：在查找到转移地址后，不是将其装入 DPTR 中，而是将它压入堆栈中（先低位字节，后高位字节，即模仿调用指令），然后通过执行 RET 指令，将堆栈中的地址弹回到 PC 中实现程序的转移。

**例 13**　编制程序，用单片机实现四则运算。

**解**　在单片机的键盘上设置"+"、"−"、"×"、"÷"4 个运算按键。其键值存放在寄存器 R2 中，当(R2) = 00H 时作加法运算，当(R2) = 01H 时作减法运算，当(R2) = 02H 时作乘法运算，当(R2) = 03H 时作除法运算。P1 端口输入被加数、被减数、被乘数、被除数，输出商或运算结果的低 8 位；P3 端口输入加数、减数、乘数、除数，输出余数或运算结果的高 8 位。四则运算流程图如图 3-12 所示。

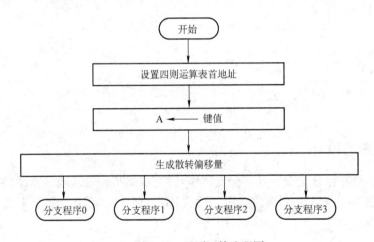

图 3-12　四则运算流程图

程序如下：

```
        ORG   1000H
START：MOV   P1, #DATA1H      ; 给 P1 端口、P3 端口送入数据用于计算
        MOV   P3, #DATA2H
        MOV   DPTR, #TABLE    ; 将基址 TABLE 送 DPTR
        CLR   C               ; 将 CY 清零
        MOV   A, R2           ; 将运算键键值送 A
        SUBB  A, #04H         ; 将键值和 04H 相减，用于产生 CY 标志
        JNC   ERROR           ; 若输入按键不合理，程序转 ERROR 处，否则，
                                按键合理，程序继续执行
        ADD   A, #04H         ; 还原键值
        CLR   C               ; 将 CY 清零
        RL    A               ; 将 A 左移，即键值乘 2，形成正确的散转偏移量
        JMP   @ A + DPTR      ; 程序跳到 (A) + (DPTR) 形成的新地址
```

```
TABLE：AJMP   PRG0              ；程序跳到 PRG0 处，将要作加法运算
       AJMP   PRG1              ；程序跳到 PRG1 处，将要作减法运算
       AJMP   PRG2              ；程序跳到 PRG2 处，将要作乘法运算
       AJMP   PRG3              ；程序跳到 PRG3 处，将要作除法运算
ERROR：（按键错误的处理程序）（略）
PRG0：  MOV   A，P1             ；被加数送 A
        ADD   A，P3             ；作加法运算，将结果送入 A，并影响进位 CY
        MOV   P1，A             ；将和的低 8 位结果送 P1
        CLR   A                ；将 A 清零
        ADDC  A，#00H           ；将进位 CY 送入 A，作为和的高 8 位
        MOV   P3，A             ；将和的高 8 位结果送 P3
        RET                    ；返回开始程序
PRG1：  MOV   A，P1             ；将被减数送 A
        CLR   C                ；将 CY 清零
        SUBB  A，P3             ；作减法运算，将结果送入 A，并影响借位 CY
        MOV   P1，A             ；将差的低 8 位结果送 P1
        CLR   A                ；将 A 清零
        RLC   A                ；将借位 CY 左移进 A，作为差的高 8 位（负号）
        MOV   P3，A             ；将差的高 8 位（负号）结果送 P3
        RET                    ；返回开始程序
PRG2：  MOV   A，P1             ；将第一个因数送 A
        MOV   B，P3             ；将第二个因数送 B
        MUL   AB               ；作乘法运算，将积的低 8 位送入 A，高 8 位送
                                 入 B，影响 CY、OV 标志位
        MOV   P1，A             ；将积的低 8 位结果送 P1
        MOV   P3，B             ；将积的低 8 位结果送 P3
        RET                    ；返回开始程序
PRG3：  MOV   A，P1             ；将被除数送 A
        MOV   B，P3             ；将除数送 B
        DIV   AB               ；作除法运算，将商送入 A，将余数送入 B
        MOV   P1，A             ；将商送入 P1
        MOV   P3，B             ；将余数送入 P3
        RET                    ；返回主程序
        END
```

**例 14**　在单片机与 PC 主机之间进行通信时，双方共同遵守通信协议和命令。在单片机接收 PC 主机发来的命令时，不同的命令，其处理功能也不同。将每个命令的功能编写成不同的子程序，单片机根据命令的不同转入不同的子程序进行响应处理。

单片机与 PC 主机的命令为：

01：抄表数值。

02：抄定标值（多少脉冲为一个煤气计量基本单位）。

03：抄表类型。

```
SSIO _ START: MOV    A , SUBF；开始接收由上位机发送来的指令
SSIO _ 1:      CJNE   A, #01H, SSIO _ 2
               LCALL  TX _ W _ VALUE
               LJMP   SSIO _ END
SSIO _ 2:      CJNE   A, #02H, SSIO _ 3
               LCALL  TX _ W _ DEFINE
               LJMP   SSIO _ END
SSIO _ 3:      CJNE   A, #03H, SSIO _ 11
               LCALL  TX _ W _ TYPE
               LJMP   SSIO _ END
```

# 第4章 51系列单片机的指令系统

一台计算机只有硬件是不能工作的，必须配备各种功能的软件才能发挥其运算、测控等功能，而软件中最基本的就是指令系统。不同类型的 CPU 有不同的指令系统。本章主要介绍 51 系列单片机的指令系统。首先介绍指令的 7 种寻址方式，接下来着重介绍指令系统中的各类指令，并详细分析各类指令的格式、功能、使用方法及能够帮助理解指令的例题等。

要使计算机按照人的思维完成一项工作，必须让 CPU 按顺序执行各种操作，即一条条的指令。这种按人的要求编排的指令操作序列称为程序。程序设计语言是实现人机交换信息的基本工具，可分为机器语言、汇编语言和高级语言。在单片机的开发应用中，可以采用汇编语言，也可以采用高级语言，例如 C 语言，本章以汇编语言为例。

## 4.1 指令格式

指令的表示方法称为指令格式。一条指令通常由两部分组成，即操作码和操作数。操作码规定指令执行什么操作，即指令的助记符，而操作数是操作对象。操作数可以是一个具体的数据，也可以是存储数据的地址或寄存器。指令的基本格式如下：

操作码 [目的操作数]，[源操作数]；（注释）

例如：

  MOV A，#01H

其中，操作码和操作数之间至少需要一个空格隔开。操作码是必需的，而操作数有时不是必需的，因为有些指令具有默认的对象，因此不需要跟操作数。有的时候，一条指令中可以有多个操作，操作数和操作数之间需要用 "，" 分隔。

汇编语言编写的程序必须翻译成单片机可执行的机器码。根据机器码的长短，可将指令分为单字节指令、双字节指令和三字节指令，下面分别加以介绍。

**1. 单字节指令** 单字节指令中 8 位二进制代码既包含操作码的信息，又包含操作数的信息。单字节指令的机器码只有一个字节，操作码和操作数均在其中，例如：

  INC DPTR

其功能是为数据指针加 1。二进制指令代码为 A3H，格式为：

| 1 | 0 | 1 | 0 | 0 | 0 | 1 | 1 |
|---|---|---|---|---|---|---|---|

另外，有些指令的操作数为工作寄存器 R0 ~ R7，寄存器的编码可用 3 位二进制数表示，这样指令占用一个字节也就够了。例如：

  MOV A，Rn

其指令格式为：

$$1\ 1\ 1\ 0\ 1\ r\ r\ r$$

这个指令便是单字节指令。对于不同的工作寄存器，单字节的机器码见表4-1。

**表4-1  指令"MOV  A，Rn"的指令码**

| 指令 | 指令码（机器码） | |
| --- | --- | --- |
| | 二进制 | 十六进制 |
| MOV  A，R0 | 11101000 | E8H |
| MOV  A，R1 | 11101001 | E9H |
| MOV  A，R2 | 11101010 | EAH |
| MOV  A，R3 | 11101011 | EBH |
| MOV  A，R4 | 11101100 | ECH |
| MOV  A，R5 | 11101101 | EDH |
| MOV  A，R6 | 11101110 | EEH |
| MOV  A，R7 | 11101111 | EFH |

**2. 双字节指令**  用一个字节表示操作码，另一个字节表示操作数或操作数所在的地址。其指令格式为：

> 操作码    立即数或地址

例如：

MOV  A，#50H

其指令代码为7450H，指令格式为：

> 0 1 1 1 0 1 0 0    0 1 0 1 0 0 0 0

**3. 三字节指令**  一个字节表示操作码，两个字节表示操作数，其指令格式如下：

> 操作码    立即数或地址    立即数或地址

例如：

ANL  direct，#data

该指令的功能为直接将地址单元direct中的内容与立即数#data进行"与"操作，将结果存放于直接地址单元。例如：

ANL  50H，#12H

其指令代码为535012H，指令格式为：

> 0 1 0 1 0 0 1 1    0 1 0 1 0 0 0 0    0 0 0 1 0 0 1 0

指令代码是程序指令的二进制数字表示方法，是在程序存储器中存放的数据形式。无论是单字节、双字节还是三字节指令，第一个字节代码都为操作码，它表示指令的功能，第二、三字节则都为操作数，可以是地址或立即数。表4-2总结了以上指令相对应的指令代码。

表 4-2　汇编指令与指令代码

| 代码字节 | 汇编指令 | 指令代码 |
|---|---|---|
| 单字节 | INC　A | 04H |
| 单字节 | INC　DPTR | A3H |
| 双字节 | MOV　A, #50H | 7450H |
| 双字节 | MOV　A, 50H | E550H |
| 双字节 | ANL　A, #50H | 5440H |
| 三字节 | ANL　50H, #12H | 535012H |
| 三字节 | CJNZ　A, #50H, JP1 | B450 rel |

## 4.2　指令符号

在寻址方式中常用一些符号，这些符号主要用来说明寄存器、地址或数据等。

Rn（n = 0 ~ 7）：当前选中的工作寄存器中的寄存器 R0 ~ R7 之一。

Ri（i = 0, 1）：当前选中的工作寄存器组中可作为地址指针的寄存器 R0 或 R1。

#data：8 位立即数，其中#为立即数的标志符，例如#45H。

#data16：16 位立即数，例如#1234H。

direct：直接寻址符号，8 位片内 RAM 单元（包括 SFR）的直接地址。

addr11：11 位二进制地址码，提供 0 ~ 10 共 11 位地址，而高 5 位地址码不变，可寻址 2KB 地址空间的任何单元，只限于在 ACALL 和 AJMP 指令中使用。

addr16：16 位二进制地址码，提供 16 位二进制地址，可寻址 64KB 地址空间的任何单元，只限于在 LCALL 和 LJMP 指令中使用。

rel：带符号的 8 位二进制偏移量符号，一般以二进制补码形式表示，在相对转移指令中使用，地址偏移量在 - 128 ~ + 127 范围内。

bit：表示直接位寻址的内部 RAM 或可位寻址区的特殊功能寄存器的位地址。

@：在间接寻址中，表示间址寄存器的符号。

C：进位标志位，或布尔位处理的累加器。

/：一般在位地址的前面，用于表示对该位先求反再参与操作，但不影响该位原值。

（×）：指定的地址单元或寄存器中的内容。

（（×））：由寄存器的内容作为地址存储单元的内容。

$：本条指令的起始地址。

←：指令操作流程符，表示将箭头右边的内容送到箭头左边的单元中。

## 4.3　寻址方式

在指令系统中，操作数是一个重要的组成部分，它指出运算或操作中的数据或数据所在单元。所谓寻址方式，就是如何找到存放操作数的地址并把操作数提取出来的方法。寻址方式是汇编语言程序设计中最基本的内容之一。

单片机的寻址方式有立即数寻址、直接寻址、寄存器寻址、寄存器间接寻址、变址寻址、相对寻址、位寻址。这些寻址方式的寻址空间说明见表 4-3。

表 4-3　寻址方式的寻址空间说明

| 寻址方式 | 指令 | 源操作数寻址空间 |
|---|---|---|
| 立即数寻址 | MOV　A，#50H | 程序存储器 ROM 中 |
| 直接寻址 | MOV　A，50H | 片内 RAM 低 128B，特殊功能寄存器 SFR |
| 寄存器寻址 | MOV　A，R0 | 工作寄存器 R0 ~ R7，A、B、C、DPTR |
| 寄存器间接寻址 | MOV　A，@ R0<br>MOVX　A，@ DPTR | 片内 RAM 低 128B，片外 RAM |
| 变址寻址 | MOVC　A，@ A + DPTR | 程序存储器：@ A + PC，@ A + DPTR |
| 相对寻址 | SJMP　50H | 程序存储器 256B 范围 |
| 位寻址 | CLR　C<br>SETB　00H | 片内 RAM 的 20H ~ 2FH 字节地址，部分特殊功能寄存器 |

### 4.3.1　立即数寻址

指令操作码后面紧跟的是 1B 或 2B 操作数，用"#"表示，以区别直接地址。例如：

MOV　A，#50H

其中，50H 就是立即数。该指令的功能是把 50H 这个数本身送到累加器 A 中，指令的操作码为 01110100（74H），操作数为 01010000（50H）。指令执行示意图如图 4-1 所示。

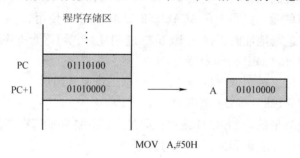

MOV　A,#50H

图 4-1　立即数寻址指令（MOV　A，#50H）执行示意图

### 4.3.2　直接寻址

直接寻址方式是在指令中直接给出操作数的地址。指令的操作数部分就是操作数所存放的地址。例如：

MOV　A，50H

其中，50H 表示的是直接地址。该指令的功能是把内部 RAM 地址为 50H 中的内容 10001000（88H）传给累加器 A，指令的操作码是 11100101（E5H）。该指令执行示意图如图 4-2 所示。

直接寻址方式可以访问内部 RAM 的 128B 单元及所有的特殊功能寄存器，并且特殊功能寄存器只能用直接寻址方式来访问。对于特殊功能寄存器，既可以使用其地址访问，又可以使用其名字访问。

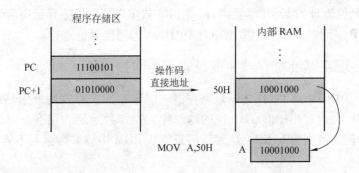

图 4-2　直接寻址指令（MOV　A，50H）执行示意图

### 4.3.3　寄存器寻址

寄存器寻址就是在指令的操作数位置上指定寄存器，以寄存器内容作为操作数。寄存器是指寄存器组 R0 ～ R7 中的某一个或其他寄存器 A、B、DPTR 等。例如：

　　　MOV　A，R0

该指令是将寄存器 R0 中的内容传送到累加器 A 中。该指令执行示意图如图 4-3 所示。

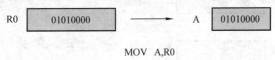

图 4-3　寄存器寻址指令（MOV　A，R0）执行示意图

### 4.3.4　寄存器间接寻址

所谓寄存器间接寻址，是指将操作数保存在 RAM 中，而将该 RAM 的地址放在寄存器中，通过访问寄存器来得到 RAM 操作数地址，进而得到操作数。为了区别寄存器寻址和寄存器间接寻址，寄存器间接寻址在寄存器名称前加@ 标志符。例如：

　　　MOV　A，@ R0

寄存器 R0 中的内容 50H 是存放操作数的地址，内部 RAM 的 50H 单元的内容为 10001000（88H）。该指令把该操作数送给累加器 A，则累加器的内容变为 88H。该指令执行示意图如图 4-4 所示。

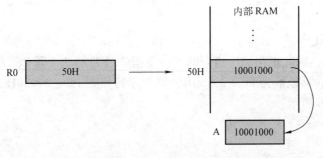

图 4-4　寄存器间接寻址指令（MOV　A，@ R0）执行示意图

内部 RAM 低位地址的128B 单元内容，用 R0 或 R1 作为间接寻址寄存器。寻址外部数据存储器的64KB 空间时，可采用数据指针 DPTR 作为间接寻址寄存器。

### 4.3.5 变址寻址（基址寄存器 + 变址寄存器间接寻址）

变址寻址是以 DPTR 或 PC 作为基址寄存器，以累加器 A 存放地址偏移量作为变址寄存器，并用两者中所存内容相加形成16 位的地址作为操作数地址。用变址寻址方式只能访问程序存储器，访问的范围为64KB，这种访问只能从 ROM 中读取数据而不能写入。例如：

     MOV   A，@ A + DPTR

累加器 A 的内容50H 与数据指针 DPTR 的内容1000H 相加得到地址1050H，将1050H 中的内容传送给累加器 A。该指令执行示意图如图4-5 所示。

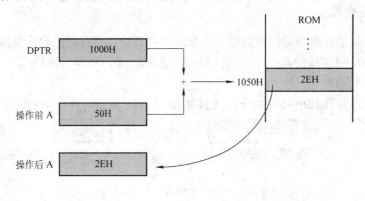

图4-5 变址寻址指令（MOV  A，@ A + DPTR）执行示意图

### 4.3.6 相对寻址

相对寻址只出现在相对转移指令中，指令中给出的操作数为相对地址偏移量 rel，程序中将程序计数器 PC 的当前值与指令中给出的偏移量 rel 相加，将其结果作为转移地址送给 PC，即跳向一个新的地址来执行程序。相对寻址在相对转移指令中修改 PC 指针的值，故可用来实现程序的分支转移。地址偏移量 rel 是一个带符号的 8 位二进制数，其取值范围为 $-128 \sim +127$。PC 指针的当前值，是指正在执行指令的下一条指令地址，而不是当前指令的地址。例如：

     SJMP  50H

该指令占用2B，因此正在执行指令的下一条指令是 PC + 2（即 PC 的当前值），地址偏移量为 rel = 50H，转移地址为 PC + 2 + 50H，则程序转移到 PC + 2 + 50H 继续执行。该指令执行示意图如图4-6 所示。

### 4.3.7 位寻址

采用位寻址方式指令的操作数是 8 位二进制数中的某一位。指令中给出的是位地址，即片内 RAM 某一单元中的一位。

51 系列单片机内部 RAM 中有两个区域可以进行位寻址：单片机 RAM 的 20H ~ 2FH 单

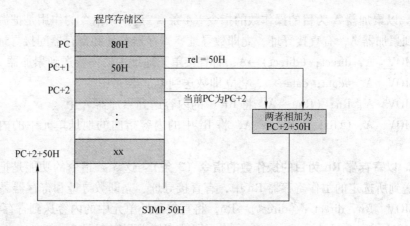

图 4-6　相对寻址指令（SJMP　50H）执行示意图

元是可位寻址区域，共 $16 \times 8$ 位 $= 128$ 位；字节地址能被 8 整除的特殊功能寄存器的相应位。例如：

　　　　MOV　C，2BH. 1

　　该指令的功能是把地址 2BH 中的第 2 位 D1，即 2BH. 1 的值（0 或 1）传送到位置累加器 CY 中。该指令执行示意图如图 4-7 所示。

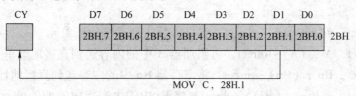

图 4-7　位寻址指令（MOV　C，2BH. 1）执行示意图

# 4.4　51 系列单片机的基本指令系统

　　51 系列单片机共 111 条指令，其中单字节指令 49 条，双字节指令 45 条，三字节指令 17 条。从指令执行的时间来看，单周期指令 64 条，双周期指令 45 条，乘、除两条指令执行时间为 4 个周期。按功能共分为 5 类：

　　（1）数据传送类指令（28 条）。

　　（2）算术运算类指令（24 条）。

　　（3）逻辑运算及移位指令（25 条）。

　　（4）控制转移指令（17 条）。

　　（5）位操作指令（17 条）。

## 4.4.1　数据传送类指令

　　数据传送类指令一般的操作是把源操作数传送到目的操作数，指令执行完成后，源操作数不变，目的操作数等于源操作数。如果要求在进行数据传送时目的操作数不丢失，则不能用直接传送指令，而应采用交换型的数据传送指令。数据传送指令不影响标志 C、AC 和 OV，但可能会对奇偶标志 P 有影响。

**1. 以累加器 A 为目的操作数的指令（4 条）** 这 4 条指令的作用是把源操作数指向的内容送到累加器 A，有直接寻址、立即数寻址、寄存器寻址和寄存器间接寻址 4 种方式。

MOV A, direct；(direct)→A，将直接单元地址中的内容送到累加器 A 中

MOV A, #data；data→A，将立即数送到累加器 A 中

MOV A, Rn；(Rn)→A，将 Rn 中的内容送到累加器 A 中

MOV A, @Ri；((Ri))→A，将 Ri 中的内容指向的地址单元中的内容送到累加器 A 中

**2. 以寄存器 Rn 为目的操作数的指令（3 条）** 这 3 条指令的功能是把源操作数指定的内容送到所选定的工作寄存器 Rn 中，有直接寻址、立即数寻址和寄存器寻址 3 种方式。

MOV Rn, direct；(direct)→Rn，将直接寻址单元中的内容送到寄存器 Rn 中

MOV Rn, #data；data→Rn，将立即数直接送到寄存器 Rn 中

MOV Rn, A；(A)→Rn，将累加器 A 中的内容送到寄存器 Rn 中

**3. 以直接地址为目的操作数的指令（5 条）** 这组指令的功能是把源操作数指定的内容送到由直接地址 data 所选定的片内 RAM 中，有直接寻址、立即数寻址、寄存器寻址和寄存器间接寻址 4 种方式。

MOV direct1, direct2；(direct2)→direct1，将直接地址单元中的内容送到直接地址单元

MOV direct, #data；data→direct，将立即数送到直接地址单元

MOV direct, A；(A)→direct，将累加器 A 中的内容送到直接地址单元

MOV direct, Rn；(Rn)→direct，将寄存器 Rn 中的内容送到直接地址单元

MOV direct, @Ri；((Ri))→direct，将 Ri 中的内容指向的地址单元中的内容送到直接地址单元

**4. 以间接地址为目的操作数的指令（3 条）** 这组指令的功能是把源操作数指定的内容送到以 Ri 中的内容为地址的片内 RAM 中，有直接寻址、立即数寻址和寄存器寻址 3 种方式。

MOV @Ri, direct；(direct)→(Ri)，将直接地址单元中的内容送到以 Ri 中的内容为地址的 RAM 单元

MOV @Ri, #data；data→(Ri)，将立即数送到以 Ri 中的内容为地址的 RAM 单元

MOV @Ri, A；(A)→(Ri)，将累加器 A 中的内容送到以 Ri 中的内容为地址的 RAM 单元

**5. 查表指令（2 条）** 这组指令的功能是对存放于程序存储器中的数据表格进行查找传送，使用变址寻址方式。

MOVC A, @A+DPTR；((A)+(DPTR))→A，将表格地址单元中的内容送到累加器 A 中

MOVC A, @A+PC；(PC)+1→PC，((A)+(PC))→A，将表格地址单元中的内容送到累加器 A 中

**6. 累加器 A 与片外数据存储器 RAM 传送指令（4 条）** 这 4 条指令的作用是进行累加器 A 与片外 RAM 间的数据传送，使用寄存器寻址方式。

MOVX @DPTR, A；(A)→(DPTR)，将累加器中的内容送到数据指针指向的片外

　　　　　　　　　　RAM 地址中

　　MOVX　A，@DPTR；((DPTR))→A，将数据指针指向的片外 RAM 地址中的内容送
　　　　　　　　　到累加器 A 中

　　MOVX　A，@Ri；((Ri)+(P2))→A，将寄存器 Ri 中的内容指向的片外 RAM 地址中
　　　　　　　　　的内容送到累加器 A 中

　　MOVX　@Ri，A；(A)→(Ri)+(P2)，将累加器中的内容送到寄存器 Ri 中的内容指
　　　　　　　　　向的片外 RAM 地址中

　　**7. 堆栈操作类指令**（2 条）　这类指令的作用是把直接寻址单元的内容传送到堆栈指针
SP 所指的单元中，以及把 SP 所指单元的内容送到直接寻址单元中。这类指令只有两条，下
述的第一条常称为入栈操作指令，第二条称为出栈操作指令。需要指出的是，单片机开机复
位后，SP 默认为 07H，但一般都需要重新赋值，设置新的 SP 首址。入栈的第一个数据必须
存放于 SP+1 所指的存储单元，故实际的堆栈底为 SP+1 所指的存储单元。

　　PUSH　direct；SP+1→SP 和(direct)→SP，堆栈指针首先加 1，将直接寻址单元中的数
　　　　　　　　据送到堆栈指针 SP 所指的单元中

　　POP　direct；(SP)→direct 和 SP-1→SP，将堆栈指针 SP 所指的单元数据送到直接寻
　　　　　　　　址单元中，然后堆栈指针 SP 再进行减 1 操作

　　**8. 交换指令**（4 条）　这 4 条指令的功能是把累加器 A 中的内容与源操作数所指的数据
进行交换。

　　XCH　A，Rn；(A)←→(Rn)，将累加器与工作寄存器 Rn 中的内容互换

　　XCH　A，@Ri；(A)←→((Ri))，将累加器与工作寄存器 Ri 所指的存储单元中的内
　　　　　　　　容互换

　　XCH　A，direct；(A)←→(direct)，将累加器与直接地址单元中的内容互换

　　XCHD　A，@Ri；$(A_{3 \sim 0})$←→$((Ri)_{3 \sim 0})$，将累加器与工作寄存器 Ri 中的内容指的
　　　　　　　　存储单元中内容的低半字节互换

　　**9. 16 位数据传送指令**（1 条）　这条指令的功能是把 16 位常数送入数据指针寄存器。

　　MOV　DPTR，#data16；dataH→$DP_H$ 和 dataL→$DP_L$，将 16 位常数的高 8 位送到 $DP_H$，
　　　　　　　　低 8 位送到 $DP_L$

## 4.4.2　算术运算类指令

　　算术运算主要是执行加、减、乘、除四则运算。另外，MCS—51 指令系统中有相当一
部分是进行加、减 1 操作。BCD 码的运算和调整，都归类为运算指令。虽然 MCS—51 系列
单片机的算术逻辑单元 ALU 仅能对 8 位无符号整数进行运算，但利用进位标志 CY，则可进
行多字节无符号整数的运算。同时，利用溢出标志，还可以对带符号数进行补码运算。需要
指出的是，除加、减 1 指令外，这类指令大多数都会对 PSW（程序状态字）有影响，这在
使用中应特别注意。

　　**1. 加法指令**（4 条）　这 4 条指令的作用是把立即数、直接地址、工作寄存器及间接地
址内容与累加器 A 的内容相加，将运算结果存在 A 中。

　　ADD　A，#data；(A)+data→A，将累加器 A 中的内容与立即数 data 相加，并将结果
　　　　　　　　存在 A 中

ADD　A, direct；(A)+(direct)→A, 将累加器 A 中的内容与直接地址单元中的内容相加, 并将结果存在 A 中

ADD　A, Rn；(A)+(Rn)→A, 将累加器 A 中的内容与工作寄存器 Rn 中的内容相加, 并将结果存在 A 中

ADD　A, @Ri；(A)+((Ri))→A, 将累加器 A 中的内容与工作寄存器 Ri 中的内容指向地址单元中的内容相加, 并将结果存在 A 中

**2. 带进位加法指令**（4 条）　这 4 条指令除与加法指令功能相同外, 在进行加法运算时还需考虑进位问题。

ADDC　A, direct；(A)+(direct)+(CY)→A, 将累加器 A 中的内容与直接地址单元的内容连同进位标志位的内容相加, 并将结果存在 A 中

ADDC　A, #data；(A)+data+(CY)→A, 将累加器 A 中的内容与立即数连同进位标志位的内容相加, 并将结果存在 A 中

ADDC　A, Rn；(A)+(Rn)+(CY)→A, 将累加器 A 中的内容与工作寄存器 Rn 中的内容连同进位标志位的内容相加, 并将结果存在 A 中

ADDC　A, @Ri；(A)+((Ri))+(CY)→A, 将累加器 A 中的内容与工作寄存器 Ri 中的内容指向地址单元中的内容连同进位标志位的内容相加, 并将结果存在 A 中

**3. 带借位减法指令**（4 条）　这组指令的作用是把累加器 A 中的内容与立即数、直接地址、间接地址及工作寄存器连同借位标志位 CY 的内容相减, 将结果送回累加器 A 中。

在进行减法运算时, CY=1 表示有借位, CY=0 则表示无借位；OV=1 表明带符号数相减时从一个正数减去一个负数结果为负数, 或者从一个负数中减去一个正数结果为正数的错误情况。在进行减法运算前, 如果不知道借位标志位 CY 的状态, 则应先对 CY 进行清零操作。

SUBB　A, direct；(A)-(direct)-(CY)→A, 将累加器 A 中的内容与直接地址单元中的内容连同借位标志位的内容相减, 并将结果存在 A 中

SUBB　A, #data；(A)-data-(CY)→A, 将累加器 A 中的内容与立即数连同借位标志位的内容相减, 并将结果存在 A 中

SUBB　A, Rn；(A)-(Rn)-(CY)→A, 将累加器 A 中的内容与工作寄存器中的内容连同借位标志位的内容相减, 并将结果存在 A 中

SUBB　A, @Ri；(A)-((Ri))-(CY)→A, 将累加器 A 中的内容与工作寄存器 Ri 中的内容指向的地址单元中的内容连同借位标志位的内容相减, 并将结果存在 A 中

**4. 加 1 指令**（5 条）　这 5 条指令的功能均是将原寄存器中的内容加 1, 并将结果送回原寄存器。加 1 指令不会对任何标志有影响, 如果原寄存器的内容为 FFH, 执行加 1 后, 结果就会是 00H。这组指令有直接寻址、寄存器寻址、寄存器间接寻址等方式。

INC　A；(A)+1→A, 将累加器 A 中的内容加 1, 并将结果存在 A 中

INC　direct；(direct)+1→direct, 将直接地址单元中的内容加 1, 并将结果送回原地址单元中

INC　@Ri；((Ri))+1→(Ri), 将寄存器 Ri 中的内容指向的地址单元中的内容加 1,

并将结果送回原地址单元中

INC　Rn；（Rn）+ 1→Rn，将寄存器 Rn 的内容加 1，并将结果送回原地址单元中

INC　DPTR；（DPTR）+ 1→DPTR，将数据指针的内容加 1，并将结果送回数据指针中

在"INC　data"这条指令中，如果直接地址是 I/O，其功能是先读入 I/O 锁存器的内容，然后在 CPU 进行加 1 操作，再输出到 I/O 上，这就是"读—修改—写"操作。

**5. 减 1 指令**（4 条）　这组指令的作用是把所指寄存器的内容减 1，并将结果送回原寄存器。若原寄存器的内容为 00H，减 1 后即为 FFH，运算结果不影响任何标志位。这组指令有直接寻址、寄存器寻址、寄存器间接寻址等方式。当直接地址是 I/O 端口锁存器时，"读—修改—写"操作与加 1 指令类似。

DEC　A；（A）- 1→A，将累加器 A 中的内容减 1，并将结果送回累加器 A 中

DEC　direct；（direct）- 1→direct，将直接地址单元中的内容减 1，并将结果送回直接
　　　　　　地址单元中

DEC　@Ri；（（Ri））- 1→（Ri）将寄存器 Ri 中的内容指向的地址单元中的内容减 1，
　　　　　　并将结果送回原地址单元中

DEC　Rn；（Rn）- 1→Rn，将寄存器 Rn 中的内容减 1，并将结果送回寄存器 Rn 中

**6. 乘法指令**（1 条）　这个指令的作用是把累加器 A 和寄存器 B 中的 8 位无符号数相乘，所得到的是 16 位乘积，将这个结果的低 8 位存在累加器 A 中，而将高 8 位存在寄存器 B 中。如果 OV = 1，说明乘积大于 FFH，否则 OV = 0，但进位标志位 CY 总是等于 0。

MUL　AB；（A）×（B）→A 和 B，将累加器 A 中的内容与寄存器 B 中的内容相乘，并
　　　　　将结果存在 A、B 中

**7. 除法指令**（1 条）　这个指令的作用是把累加器 A 中的 8 位无符号整数除以寄存器 B 中的 8 位无符号整数，将所得到的商存在累加器 A 中，而将余数存在寄存器 B 中。除法运算总是使 OV 和进位标志位 CY 等于 0。如果 OV = 1，表明寄存器 B 中的内容为 00H，那么执行结果为不确定值，表示除法有溢出。

DIV　AB；（A）/（B）→A 和 B，将累加器 A 中的内容除以寄存器 B 中的内容，并将所得到的商存在累加器 A 中，而将余数存在寄存器 B 中

**8. 十进制调整指令**（1 条）　在进行 BCD 码运算时，这条指令总是跟在 ADD 或 ADDC 指令之后，其功能是将执行加法运算后存于累加器 A 中的结果进行调整和修正。

DA　A

## 4. 4. 3　逻辑运算及移位指令

逻辑运算和移位指令共有 25 条，有与、或、异或、求反、左右移位、清零等逻辑操作，有直接寻址、寄存器寻址和寄存器间接寻址等方式。这类指令一般不影响程序状态字（PSW）标志。

**1. 循环移位指令**（4 条）　这 4 条指令的作用是将累加器中的内容循环左移或右移一位，后两条指令是连同进位标志位 CY 一起移位。

RL　A；将累加器 A 中的内容左移一位

RR　A；将累加器 A 中的内容右移一位

RLC　A；将累加器 A 中的内容连同进位标志位 CY 左移一位

　　RRC　A；将累加器 A 中的内容连同进位标志位 CY 右移一位

**2. 累加器半字节交换指令**（1 条）　这条指令将累加器中的内容高低半字节互换。

　　SWAP　A；将累加器 A 中的内容高低半字节互换

**3. 求反指令**（1 条）　这条指令将累加器中的内容按位取反。

　　CPL　A；将累加器 A 中的内容按位取反

**4. 清零指令**（1 条）　这条指令将累加器中的内容清零。

　　CLR　A；0→A，将累加器 A 中的内容清零

**5. 逻辑与操作指令**（6 条）　这组指令的作用是将两个单元中的内容执行逻辑与操作。如果直接地址是 I/O 地址，则为"读—修改—写"操作。

　　ANL　A，direct；将累加器 A 中的内容和直接地址单元中的内容执行逻辑与操作，并将
　　　　　　　　　　结果存在寄存器 A 中

　　ANL　direct，#data；将直接地址单元中的内容和立即数执行逻辑与操作，并将结果存
　　　　　　　　　　　　在直接地址单元中

　　ANL　A，#data；将累加器 A 中的内容和立即数执行逻辑与操作，并将结果存在累加器
　　　　　　　　　　A 中

　　ANL　A，Rn；将累加器 A 中的内容和寄存器 Rn 中的内容执行逻辑与操作，并将结果
　　　　　　　　　存在累加器 A 中

　　ANL　direct，A；将直接地址单元中的内容和累加器 A 中的内容执行逻辑与操作，并将
　　　　　　　　　　将结果存在直接地址单元中

　　ANL　A，@Ri；将累加器 A 中的内容和工作寄存器 Ri 中的内容指向的地址单元中的
　　　　　　　　　内容执行逻辑与操作，并将结果存在累加器 A 中

**6. 逻辑或操作指令**（6 条）　这组指令的作用是将两个单元中的内容执行逻辑或操作。如果直接地址是 I/O 地址，则为"读—修改—写"操作。

　　ORL　A，direct；将累加器 A 中的内容和直接地址单元中的内容执行逻辑或操作，并将
　　　　　　　　　　结果存在寄存器 A 中

　　ORL　direct，#data；将直接地址单元中的内容和立即数执行逻辑或操作，并将结果存
　　　　　　　　　　　在直接地址单元中

　　ORL　A，#data；将累加器 A 中的内容和立即数执行逻辑或操作，并将结果存在累加器
　　　　　　　　　　A 中

　　ORL　A，Rn；将累加器 A 中的内容和寄存器 Rn 中的内容执行逻辑或操作，并将结果
　　　　　　　　　存在累加器 A 中

　　ORL　direct，A；将直接地址单元中的内容和累加器 A 中的内容执行逻辑或操作，并将
　　　　　　　　　　结果存在直接地址单元中

　　ORL　A，@Ri；将累加器 A 中的内容和工作寄存器 Ri 中的内容指向的地址单元中的内
　　　　　　　　　容执行逻辑或操作，并将结果存在累加器 A 中

**7. 逻辑异或操作指令**（6 条）　这组指令的作用是将两个单元中的内容执行逻辑异或操作。如果直接地址是 I/O 地址，则为"读—修改—写"操作。

　　XRL　A，direct；将累加器 A 中的内容和直接地址单元中的内容执行逻辑异或操作，并
　　　　　　　　　　将结果存在寄存器 A 中

　　XRL　direct，#data；将直接地址单元中的内容和立即数执行逻辑异或操作，并将结果

存在直接地址单元中

XRL　A，#data；将累加器 A 中的内容和立即数执行逻辑异或操作，并将结果存在累加器 A 中

XRL　A，Rn；将累加器 A 中的内容和寄存器 Rn 中的内容执行逻辑异或操作，并将结果存在累加器 A 中

XRL　direct，A；将直接地址单元中的内容和累加器 A 中的内容执行逻辑异或操作，并将结果存在直接地址单元中

XRL　A，@ Ri；将累加器 A 中的内容和工作寄存器 Ri 中的内容指向的地址单元中的内容执行逻辑异或操作，并将结果存在累加器 A 中

### 4.4.4　控制转移指令

控制转移指令用于控制程序的流向，所控制的范围即为程序存储器区间。MCS—51 系列单片机的控制转移指令相对丰富，有可对 64KB 程序空间地址单元进行访问的长调用、长转移指令，也有可对 2KB 程序空间地址单元进行访问的绝对调用和绝对转移指令，还有在一页范围内短相对转移及其他无条件转移指令。这些指令的执行一般都不会对标志位有影响。

**1. 无条件转移指令**（4 条）　执行完这组指令后，程序就会无条件转移到指令所指向的地址上去。长转移指令访问的程序存储器空间为 16 位地址 64KB 空间，绝对转移指令访问的程序存储器空间为 11 位地址 2KB 空间。

LJMP　addr16；addr16→PC，给程序计数器赋予新值（16 位地址）

AJMP　addr11；（PC）+2→PC，addr11→$PC_{10 \sim 0}$，给程序计数器赋予新值（11 位地址），$PC_{15 \sim 11}$ 不改变

SJMP　rel；（PC）+ 2 + rel→PC，当前程序计数器先加上 2 再加上偏移量，给程序计数器赋予新值

JMP　@ A + DPTR；（A）+（DPTR）→PC，累加器所指向地址单元的值加上数据指针的值给程序计数器赋予新值

**2. 条件转移指令**（8 条）　程序可利用这组丰富的指令根据当前的条件进行判断，看是否满足某种特定的条件，从而控制程序的转向。

JZ　rel；（A）= 0，（PC）+ 2 + rel→PC，若累加器中的内容为 0，则转移到偏移量所指向的地址，否则程序往下执行

JNZ　rel；（A）≠0，（PC）+ 2 + rel→PC，若累加器中的内容不为 0，则转移到偏移量所指向的地址，否则程序往下执行

CJNE　A，direct，rel；（A）≠（direct），（PC）+ 3 + rel→PC，若累加器中的内容不等于直接地址单元的内容，则转移到偏移量所指向的地址，否则程序往下执行

CJNE　A，#data，rel；（A）≠data，（PC）+3 + rel→PC，若累加器中的内容不等于立即数，则转移到偏移量所指向的地址，否则程序往下执行

CJNE　Rn，#data，rel；（Rn）≠data，（PC）+ 3 + rel→PC，若工作寄存器 Rn 中的内容不等于立即数，则转移到偏移量所指向的地址，否则程序往下

执行

CJNE　@Ri, #data, rel；((Ri)) ≠data, (PC) + 3 + rel→PC, 若工作寄存器 Ri 中的
内容指向的地址单元中的内容不等于立即数, 则转移到偏移
量所指向的地址, 否则程序往下执行

DJNZ Rn, rel；(Rn) − 1→Rn, (Rn) ≠0, (PC) + 2 + rel→PC, 若工作寄存器 Rn 减 1
不等于 0, 则转移到偏移量所指向的地址, 否则程序往下执行

DJNZ direct, rel；(direct) − 1→direct, (direct) ≠0, (PC) + 2 + rel→PC, 若直接地址
单元中的内容减 1 不等于 0, 则转移到偏移量所指向的地址, 否则程
序往下执行

**3. 子程序调用指令**（4 条）　子程序是为了便于程序的编写, 减少那些需反复执行的程
序因占用多余的地址空间而引入的程序分支, 从而也就有了主程序和子程序的概念。对于需
要反复执行的一些程序, 我们在编程时一般都把它们编写成子程序, 当用到它们时, 就用一
个调用命令使程序按调用的地址去执行, 这就需要子程序的调用指令和返回指令来实现。

LCALL　addr16；长调用指令, 可在 64KB 空间调用子程序, 此时, (PC) + 3→PC,
(SP) + 1→SP, (PC$_L$)→SP, (SP) + 1→SP, (PC$_H$)→SP, addr16→
PC, 即分别从堆栈中弹出调用子程序时压入的返回地址

ACALL　addr11；绝对调用指令, 可在 2KB 空间调用子程序, 此时, (PC) + 2→PC,
(SP) + 1→SP, (PC$_L$)→SP, (SP) + 1→SP, (PC$_H$)→SP, addr11→
PC$_{10 \sim 0}$

RET；子程序返回指令, 此时, (SP)→PC$_H$, (SP) − 1→SP, (SP)→PC$_L$, (SP) − 1→
SP

RETI；中断返回指令, 除具有 RET 功能外, 还具有恢复中断逻辑的功能。需要注意的
是, RETI 指令不能用 RET 代替

**4. 空操作指令**（1 条）

NOP；这条指令除了使 PC 加 1, 消耗一个机器周期外, 没有执行任何操作, 不影响其
他寄存器和标志位, 可用于短时间的延时

## 4.4.5　位（布尔变量）操作指令

布尔处理功能是 MCS—51 系列单片机的一个重要特征, 这是出于实际应用需要而设置
的。布尔变量即开关变量, 它是以位（bit）为单位进行操作的。

在物理结构上, MCS—51 系列单片机有一个布尔处理机, 它以进位标志作为累加位,
以内部 RAM 可寻址的 128B 为存储位。

**1. 位传送指令**（2 条）　位传送指令就是可寻址位与累加位 CY 之间的传送, 指令有 2 条。

MOV　C, bit；(bit) →CY, 将某位数据送 CY

MOV　bit, C；(CY)→bit, 将 CY 数据送某位

**2. 位置位复位指令**（4 条）　这些指令对 CY 及可寻址位进行置位或复位操作, 共有 4
条指令。

CLR　C；0→CY, 清 CY

CLR　bit；0→bit, 清某一位

SETB　C；1→CY, 置位 CY

SETB　bit；1→bit，置位某一位

**3. 位运算指令**（6 条）位运算都是逻辑运算，有与、或、非 3 种指令，共 6 条。

ANL　C，bit；（CY）∧（bit）→CY

ANL　C，/bit；（CY）∧（$\overline{bit}$）→CY

ORL　C，bit；（CY）∨（bit）→CY

ORL　C，/bit；（CY）∨（$\overline{bit}$）→CY

CPL　C；（$\overline{CY}$）→CY

CPL　bit；（$\overline{bit}$）→bit

**4. 位控制转移指令**（5 条）　位控制转移指令以位的状态作为实现程序转移的判断条件。

JC　rel；（CY）=1 转移，（PC）+2+rel→PC，否则程序往下执行，（PC）+2→PC

JNC　rel；（CY）=0 转移，（PC）+2+rel→PC，否则程序往下执行，（PC）+2→PC

JB　bit，rel；位状态为 1 时转移

JNB　bit，rel；位状态为 0 时转移

JBC　bit，rel；位状态为 1 时转移，并使该位清零

后 3 条指令都是三字节指令，如果条件满足，（PC）+3+（rel）→PC，否则程序往下执行，（PC）+3→PC。

# 4.5　51 系列单片机指令汇总

前面详细介绍了 51 系列单片机的各种指令，这里给出所有指令的汇总，见表 4-4。表 4-4 中列出了指令的助记符、十六进制代码、执行的功能、占用的字节个数、机器周期数和对标志位的影响等。

表 4-4　51 单片机指令系统汇总

| 助记符 | 十六进制代码 | 执行的功能 | 占用的字节个数 | 机器周期数 | 对标志位的影响 | | | |
|---|---|---|---|---|---|---|---|---|
| | | | | | P | OV | AC | CY |
| 数据传送指令 | | | | | | | | |
| MOV　A，Rn | E8 ~ EF | A←(Rn)，(n = 0 ~ 7) | 1 | 1 | √ | × | × | × |
| MOV　A，direct | E5 | A←(direct) | | | | | | |
| MOV　A，@Ri | E6，E7 | A←((Ri))，(i = 0，1) | 1 | 1 | √ | × | × | × |
| MOV　A，#data | 74 | A←data | 2 | 1 | √ | × | × | × |
| MOV　Rn，A | F8 ~ EF | Rn←(A)，(n = 0 ~ 7) | 1 | 1 | × | × | × | × |
| MOV　Rn，direct | A8 ~ AF | Rn←(direct)，(n = 0 ~ 7) | 2 | 2 | × | × | × | × |
| MOV　Rn，#data | 78 ~ 7F | Rn←data，(n = 0 ~ 7) | 2 | 1 | × | × | × | × |
| MOV　direct，A | F5 | direct←(A) | 2 | 1 | × | × | × | × |
| MOV　direct，Rn | 88 ~ 8F | direct←(Rn)，(n = 0 ~ 7) | 2 | 2 | × | × | × | × |
| MOV　direct1，direct2 | 85 | direct1←(direct2) | 3 | 2 | × | × | × | × |
| MOV　direct，@Ri | 86，87 | direct←((Ri))，(i = 0，1) | 2 | 2 | × | × | × | × |
| MOV　direct，#data | 75 | direct←data | 3 | 2 | × | × | × | × |

（续）

| 助记符 | 十六进制代码 | 执行的功能 | 占用的字节个数 | 机器周期数 | 对标志位的影响 | | | |
|---|---|---|---|---|---|---|---|---|
| | | | | | P | OV | AC | CY |
| MOV @Ri, A | F6, F7 | (Ri)←(A), (i=0, 1) | 1 | 1 | × | × | × | × |
| MOV @Ri, direct | A6, A7 | (Ri)← (direct) | 2 | 2 | × | × | × | × |
| MOV @Ri, #data | 76, 77 | (Ri)←data | 2 | 1 | × | × | × | × |
| MOV DPTR, #data16 | 90 | DPTR←data16 ( $data_H$ →$DP_H$, $data_L$→$DP_L$) | 3 | 2 | × | × | × | × |
| MOVC A, @A+DPTR | 93 | A←((A)+(DPTR)) | 1 | 2 | √ | × | × | × |
| MOVC A, @A+PC | 83 | PC←(PC)+1, A←((A)+(PC)) | 1 | 2 | √ | × | × | × |
| MOVX A, @Ri | E2, E3 | A←((Ri)+(P2)), (i=0, 1) | 1 | 2 | √ | × | × | × |
| MOVX A, @DPTR | F0 | A←((DPTR)) | 1 | 2 | √ | × | × | × |
| MOVX @Ri, A | F2, F3 | (P2)+(Ri)←(A), (i=0, 1) | 1 | 2 | × | × | × | × |
| MOVX @DPTR, A | F0 | (DPTR)←(A) | 1 | 2 | × | × | × | × |
| PUSH direct | C0 | SP←SP+1, SP ←(direct) | 2 | 2 | × | × | × | × |
| POP direct | D0 | direct←(SP), SP←SP−1 | 2 | 2 | × | × | × | × |
| XCH A, direct | C5 | (A)↔(direct) | 2 | 1 | √ | × | × | × |
| XCH A, Rn | C8~CF | (A)↔(Rn), (n=0~7) | 1 | 1 | √ | × | × | × |
| XCH A, @Ri | C6, C7 | (A)↔((Ri)), (i=0~1) | 1 | 1 | √ | × | × | × |
| XCHD A, @Ri | D6, D7 | $(A)_{0~3}$↔$((Ri)_{0~3})$, (i=0, 1) | 1 | 1 | √ | × | × | × |
| 算术运算指令 | | | | | | | | |
| ADD A, Rn | 28~2F | A←(A)+(Rn), (n=0~7) | 1 | 1 | √ | √ | √ | √ |
| ADD A, direct | 25 | A←(A)+(direct) | 2 | 1 | √ | √ | √ | √ |
| ADD A, @Ri | 26, 27 | A←(A)+((Ri)), (i=0, 1) | 1 | 1 | √ | √ | √ | √ |
| ADD A, #data | 24 | A←(A)+data | 2 | 1 | √ | √ | √ | √ |
| ADDC A, Rn | 38~3F | A←(A)+(Rn)+(CY), (n=0~7) | 1 | 1 | √ | √ | √ | √ |
| ADDC A, direct | 35 | A←(A)+(direct)+(CY) | 2 | 1 | √ | √ | √ | √ |
| ADDC A, @Ri | 36, 37 | A←(A)+((Ri))+(CY), (i=0, 1) | 1 | 1 | √ | √ | √ | √ |
| ADDC A, #data | 34 | A←(A)+data+(CY) | 2 | 1 | √ | √ | √ | √ |
| SUBB A, Rn | 98~9F | A←(A)−(Rn)−(CY), (n=0~7) | 1 | 1 | √ | √ | √ | √ |

（续）

| 助记符 | 十六进制代码 | 执行的功能 | 占用的字节个数 | 机器周期数 | 对标志位的影响 | | | |
|---|---|---|---|---|---|---|---|---|
| | | | | | P | OV | AC | CY |
| SUBB A, direct | 95 | $A \leftarrow (A) - (direct) - (CY)$ | 2 | 1 | √ | √ | √ | √ |
| SUBB A, @Ri | 96, 97 | $A \leftarrow (A) - ((Ri)) - (CY), (i = 0, 1)$ | 1 | 1 | √ | √ | √ | √ |
| SUBB A, #data | 94 | $A \leftarrow (A) - data - (CY)$ | 2 | 1 | √ | √ | √ | √ |
| INC A | 04 | $A \leftarrow (A) + 1$ | 1 | 1 | × | × | × | × |
| INC Rn | 08 ~ 0F | $Rn \leftarrow (Rn) + 1, (n = 0 \sim 7)$ | 1 | 1 | × | × | × | × |
| INC direct | 05 | $direct \leftarrow (direct) + 1$ | 2 | 1 | × | × | × | × |
| INC @Ri | 06, 07 | $(Ri) \leftarrow ((Ri)) + 1, (i = 0 \sim 1)$ | 1 | 1 | × | × | × | × |
| INC DPTR | A3 | $DPTR \leftarrow (DPTR) + 1$ | 1 | 2 | × | × | × | × |
| DEC A | 14 | $A \leftarrow (A) - 1$ | 1 | 1 | √ | × | × | × |
| DEC Rn | 18 ~ 1F | $Rn \leftarrow (Rn) - 1, (n = 0 \sim 7)$ | 1 | 1 | × | × | × | × |
| DEC direct | 15 | $direct \leftarrow (direct) - 1$ | 2 | 1 | × | × | × | × |
| DEC @Ri | 16, 17 | $(Ri) \leftarrow ((Ri)) - 1, (i = 0 \sim 1)$ | 1 | 1 | × | × | × | × |
| MUL AB | A4 | $BA \leftarrow (A) \times (B)$ | 1 | 4 | √ | √ | × | √ |
| DIV AB | 84 | $A(商)B(余数) \leftarrow (A)/(B)$ | 1 | 4 | √ | √ | × | √ |
| DA A | D4 | 对 A 进行十进制调整 | 1 | 1 | √ | √ | √ | √ |
| 逻辑运算指令 | | | | | | | | |
| ANL A, Rn | 58 ~ 5F | $A \leftarrow (A) \wedge (Rn)(n = 0 \sim 7)$ | 1 | 1 | √ | × | × | × |
| ANL A, direct | 55 | $A \leftarrow (A) \wedge (direct)$ | 2 | 1 | √ | × | × | × |
| ANL A, @Ri | 56, 57 | $A \leftarrow (A) \wedge ((Ri)), (i = 0 \sim 1)$ | 1 | 1 | √ | × | × | × |
| ANL A, #data | 54 | $A \leftarrow (A) \wedge data$ | 2 | 1 | √ | × | × | × |
| ANL direct, A | 52 | $direct \leftarrow (direct) \wedge (A)$ | 2 | 1 | × | × | × | × |
| ANL direct, #data | 53 | $direct \leftarrow (direct) \wedge data$ | 3 | 2 | × | × | × | × |
| ORL A, Rn | 48 ~ 4F | $A \leftarrow (A) \vee (Rn)$ | 1 | 1 | √ | × | × | × |
| ORL A, direct | 45 | $A \leftarrow (A) \vee (direct)$ | 2 | 1 | √ | × | × | × |
| ORL A@Ri | 46, 47 | $A \leftarrow (A) \vee ((Ri))$ | 1 | 1 | √ | × | × | × |
| ORL A, #data | 44 | $A \leftarrow (A) \vee data$ | 2 | 1 | √ | × | × | × |
| ORL direct, A | 42 | $direct \leftarrow (direct) \vee (A)$ | 2 | 1 | × | × | × | × |
| ORL direct, #data | 43 | $direct \leftarrow (direct) \vee data$ | 3 | 2 | × | × | × | × |
| XRL A, Rn | 68 ~ 6F | $A \leftarrow (A) \oplus (Rn), (n = 0 \sim 7)$ | 1 | 1 | √ | × | × | × |
| XRL A, direct | 65 | $A \leftarrow (A) \oplus (direct)$ | 2 | 1 | √ | × | × | × |
| XRL A, @Ri | 66, 67 | $A \leftarrow (A) \oplus ((Ri)), (i = 0, 1)$ | 1 | 1 | √ | × | × | × |
| XRL A, #data | 64 | $A \leftarrow (A) \oplus data$ | 2 | 1 | √ | × | × | × |

（续）

| 助记符 | 十六进制代码 | 执行的功能 | 占用的字节个数 | 机器周期数 | 对标志位的影响 | | | |
|---|---|---|---|---|---|---|---|---|
| | | | | | P | OV | AC | CY |
| XRL　direct，A | 62 | direct←（direct）⊕（A） | 2 | 1 | × | × | × | × |
| XRL　direct，#data | 63 | direct ←（direct）⊕data | 3 | 2 | × | × | × | × |
| CLR　A | E4 | A←0 | 1 | 1 | √ | × | × | × |
| CPL　A | F4 | A←（Ā） | 1 | 1 | × | × | × | × |
| RL　A | 23 | 循环将 A 左移一位 | 1 | 1 | × | × | × | × |
| RLC　A | 33 | 循环带 CY 将 A 左移一位 | 1 | 1 | √ | × | × | √ |
| RR　A | 03 | 循环将 A 右移一位 | 1 | 1 | × | × | × | × |
| RRC　A | 13 | 循环带 CY 将 A 右移一位 | 1 | 1 | √ | × | × | √ |
| SWAP　A | C4 | A 半字节交换 | 1 | 1 | × | × | × | × |
| 位操作指令 | | | | | | | | |
| CLR　C | C3 | CY←0 | 1 | 1 | × | × | × | √ |
| CLR　bit | C2 | bit←0 | 2 | 1 | × | × | × | × |
| SETB　C | D3 | CY←1 | 1 | 1 | × | × | × | √ |
| SETB　bit | D2 | bit ←1 | 2 | 1 | × | × | × | × |
| CPL　C | B3 | CY←（C̄Ȳ） | 1 | 1 | × | × | × | √ |
| CPL　bit | B2 | bit←（b̄īt） | 2 | 1 | × | × | × | × |
| ANL　C，bit | 82 | CY←（CY）∧（bit） | 2 | 2 | × | × | × | √ |
| ANL　C，/bit | B0 | CY←（CY）∧（b̄īt） | 2 | 2 | × | × | × | √ |
| ORL　C，bit | 72 | CY←（CY）∨（bit） | 2 | 2 | × | × | × | √ |
| ORL　C，/bit | A0 | CY←（CY）∨（b̄īt） | 2 | 2 | × | × | × | √ |
| MOV　C，bit | A2 | CY ←（bit） | 2 | 1 | × | × | × | × |
| MOV　bit，C | 92 | bit←（CY） | 2 | 2 | × | × | × | × |
| 控制转移指令 | | | | | | | | |
| AJMP　addr11 | Y1 | PC←（PC）+2<br>PC$_{10～0}$←addr11 | 2 | 2 | × | | × | × |
| LJMP　addr16 | 02 | PC←addr16 | 3 | 2 | × | × | × | × |
| SJMP　rel | 80 | PC←（PC）+2<br>PC←（PC）+rel | 2 | 2 | × | × | × | × |
| JMP　@A+DPTR | 73 | PC←（A）+（DPTR） | 1 | 2 | × | × | × | × |
| JZ　rel | 60 | PC←（PC）+2，若 A=0，则 PC←（PC）+rel | 2 | 2 | × | × | × | × |
| JNZ　rel | 70 | PC←（PC）+2，若 A≠0，则 PC←（PC）+rel | 2 | 2 | × | × | × | × |

（续）

| 助记符 | 十六进制代码 | 执行的功能 | 占用的字节个数 | 机器周期数 | 对标志位的影响 | | | |
|---|---|---|---|---|---|---|---|---|
| | | | | | P | OV | AC | CY |
| JC　rel | 40 | PC←(PC)+2，若 CY=1，则 PC←(PC)+rel | 2 | 2 | × | × | × | × |
| JNC　rel | 50 | PC←(PC)+2，若 CY=0，PC←(PC)+rel | 2 | 2 | × | × | × | × |
| JB　bit，rel | 20 | PC←(PC)+3，若 bit=1，则 PC←(PC)+rel | 3 | 2 | × | × | × | × |
| JNB　bit，rel | 30 | PC←(PC)+3，若 bit=0，则 PC←(PC)+rel | 3 | 2 | × | × | × | × |
| JBC bit，rel | 10 | PC←(PC)+3，若 bit=1，则 bit←0，PC←(PC)+rel | 3 | 2 | × | × | × | × |
| CJNE　A，direct，rel | B5 | PC←(PC)+3，若(A)≠(direct)，则 PC←(PC)+rel；若(A)<(direct)，则 CY←1 | 3 | 2 | × | × | × | × |
| CJNE　A，#data，rel | B4 | PC←(PC)+3，若(A)≠data，则 PC←(PC)+rel；若(A)<data，则(CY)←1 | 3 | 2 | × | × | × | × |
| CJNE　Rn，#data，rel | B8 ~ BF | PC←(PC)+3，若(Rn)≠data，则 PC←(PC)+rel；若(Rn)<data，则 CY←1，(n=0~7) | 3 | 2 | × | × | × | × |
| CJNE　@Ri，#data，rel | B6，B7 | PC←(PC)+3，若((Ri))≠data，则 PC←(PC)+rel；若((Ri))<data，则 CY←1，(i=0，1) | 3 | 2 | × | × | × | √ |
| DJNZ　Rn，rel | D8 ~ DF | PC←(PC)+2，Rn←(Rn)-1，若(Rn)≠0，则 PC←(PC)+rel，(n=0~7) | 2 | 2 | × | × | × | √ |
| DJNZ　direct，rel | D5 | PC←(PC)+2，direct←(direct)-1，若(direct)≠0，则 PC←PC+rel | 3 | 2 | × | × | × | × |
| ACALL　addr11 | X1 | PC←(PC)+2<br>SP←(SP)+1<br>SP←(PC_L)<br>SP←(SP)+1<br>SP←(PC_H)<br>PC_{10~0}←addr11 | 3 | 2 | × | × | × | × |
| LCALL　addr16 | 12 | PC←(PC)+3<br>SP←(SP)+1<br>SP←(PC_L)<br>SP←(SP)+1<br>SP←(PC_H)<br>PC←addr16 | 3 | 2 | × | × | × | × |

（续）

| 助记符 | 十六进制代码 | 执行的功能 | 占用的字节个数 | 机器周期数 | 对标志位的影响 | | | |
|---|---|---|---|---|---|---|---|---|
| | | | | | P | OV | AC | CY |
| RET | 22 | $PC_H \leftarrow (SP)$<br>$SP \leftarrow (SP) - 1$<br>$PC_L \leftarrow (SP)$<br>$SP \leftarrow (SP) - 1$<br>从子程序返回 | 1 | 2 | × | × | × | × |
| RETI | 32 | $PC_H \leftarrow (SP)$<br>$SP \leftarrow (SP) - 1$<br>$PC_L \leftarrow (SP)$<br>$SP \leftarrow (SP) - 1$<br>从中断返回 | 1 | 2 | × | × | × | × |
| NOP | 00 | 执行空操作 | 1 | 1 | × | × | × | × |

通过对本章内容的学习，用户对 51 系列单片机指令系统可以有全面的认识，并能够掌握指令的 7 种寻址方式，以及 51 系列单片机指令系统中的各类指令的书写格式、功能、使用方式及注意事项等。这一章的内容是学习使用单片机的必备基础知识，能使读者深刻地理解单片机指令系统，为接下来的学习打下良好的基础。

# 第 5 章　51 系列单片机定时/计数器

在实际的控制系统中，经常需要对某些信号进行定时扫描和定时监测，或者定时某些控制信号，这就需要在时序电路中实现定时和计数的功能。定时和计数是控制系统的一个重要功能，是时序电路的基础。一般来说，有 4 种方法可以实现定时和计数功能。

**1. 硬件定时**　使用时基电路（如 555 定时芯片等）来组成硬件定时电路。这种方法由于需要使用额外的硬件，因此成本高，硬件结构复杂，而且其定时值与定时范围不能通过软件控制和修改，即此方法不可编制程序。

**2. 软件定时**　由于指令的执行是需要消耗时间的，因此可以让 CPU 循环执行一段程序，以实现定时功能。此方法占用 CPU 的时间，同时也降低了 CPU 的利用率，因此不推荐使用，但定时时间比较短的场合可以使用。

**3. 可编程序定时器**　这种定时器的定时值及定时范围可以用软件来确定修改，使用灵活，功能强，例如可编程序芯片 8253、8254 等，但其使用比较复杂，系统庞大。

**4. 定时/计数器**　目前，许多微处理器本身带有定时/计数器，使用时不需要附加专用的定时/计数器芯片。这种微处理器使用起来十分方便，所需的硬件、软件资源比较少。

51 系列单片机的硬件上集成有 16 位可编程序定时/计数器。MCS－51 子系列单片机有两种定时/计数器，即定时/计数器 0 和定时/计数器 1（简称为 T0 和 T1），有 4 种工作方式可供选择。MCS—52 子系列单片机（如 89C52）有 3 个定时/计数器，T0 和 T1 是通用定时/计数器，定时/计数器 2（简称为 T2）集定时、计数和捕获 3 种功能于一体，功能更强。

单片机内部还有两个专用寄存器 TMOD、TCON，用来存放定时/计数器工作的有关参数，如方式选择、定时计数选择、运行控制、溢出标志、触发方式等控制字。通过这些寄存器可以很方便地控制定时/计数器。

## 5.1　T0 和 T1

### 5.1.1　T0 和 T1 的功能控制

T0 和 T1 都有定时和事件计数的功能，并且都有定时控制、延时、对外部事件计数和检测的功能。T0 和 T1 实际上都是 16 位加 1 计数器。T0 由两个 8 位特殊功能寄存器 TH0 和 TL0 构成，T1 由 TH1 和 TL1 构成。每个定时器都可由软件设置为定时工作方式或计数工作方式以及其他的可控功能方式。这些功能都是由特殊功能寄存器 TMOD 和 TCON 控制的。

**1. 工作模式寄存器 TMOD**　TMOD 用于控制 T0 和 T1 的工作模式，不能进行位寻址，只能用字节设置定时/计数器的工作模式，低半字节设置 T0，高半字节设置 T1，低 4 位用于控制 T0，高 4 位用于控制 T1，如图 5-1 所示。

（1）工作模式选择位 M0、M1。定时/计数器工作模式由 M1、M0 的状态确定，可以有 4 种编码对应的 4 种工作模式，见表 5-1。

| | D7 | D6 | D5 | D4 | D3 | D2 | D1 | D0 | |
|---|---|---|---|---|---|---|---|---|---|
| TMOD | GATE | C/$\overline{\text{T}}$ | M1 | M0 | GATE | C/$\overline{\text{T}}$ | M1 | M0 | 89H |
| 控制对象 | T1 | | | | T0 | | | | |

图 5-1　TMOD 各位的定义及格式

**表 5-1　定时/计数器的工作模式选择**

| M1 | M0 | 工作模式 | 功能描述 |
|---|---|---|---|
| 0 | 0 | 模式 0 | 13 位定时/计数器 |
| 0 | 1 | 模式 1 | 16 位定时/计数器 |
| 1 | 0 | 模式 2 | 自动再装入 8 位定时/计数器 |
| 1 | 1 | 模式 3 | T0：分成两个 8 位计数器 |
| | | | T1：停止计数 |

（2）门控制位 GATE。

1）GATE = 0：不管$\overline{\text{INT0}}$（或$\overline{\text{INT1}}$）引脚电平是高还是低，只要用软件将 TR0（或 TR1）置 1，就可以起动定时器，不受外部输入引脚的控制。

2）GATE = 1：只有$\overline{\text{INT0}}$（或$\overline{\text{INT1}}$）引脚是高电平，并且用软件将 TR0 或 TR1 置 1 才能起动定时器。

（3）工作方式选择位 C/$\overline{\text{T}}$。

1）C/$\overline{\text{T}}$ = 0：定时方式，采用晶振脉冲的 12 分频信号作为计数器的计数信号，对机器周期进行计数。例如，选择 12MHz 晶振，则定时器的计数频率为 1MHz。

2）C/$\overline{\text{T}}$ = 1：计数方式，采用外部引脚 T0（P3.4）或 T1（P3.5）的输入脉冲作为计数脉冲。

**2. 控制寄存器 TCON**　控制寄存器 TCON 除可以进行字节寻址外，还可以进行位寻址。各位的定义及格式如图 5-2 所示。

| | D7 | D6 | D5 | D4 | D3 | D2 | D1 | D0 | |
|---|---|---|---|---|---|---|---|---|---|
| TCON | TF1 | TR1 | TF0 | TR0 | IE1 | IT1 | IE0 | IT0 | 88H |
| 位地址 | 8FH | 8EH | 8DH | 8CH | 8BH | 8AH | 89H | 88H | |
| 控制对象 | T1 | | T0 | | 外部中断 | | | | |

图 5-2　TCON 各位的定义及格式

TCON 各位的作用如下：

（1）IE1、IT1、IE0 和 IT0：外部中断$\overline{\text{INT1}}$和$\overline{\text{INT0}}$请求及请求方式控制位。

（2）TF0：T0 溢出标志位，当 T0 溢出时，有硬件自动使中断触发器 TF0 置 1，并向 CPU 申请中断。当 CPU 响应中断进入中断服务程序后，TF0 被硬件自动清零。TF0 也可以用软件清零。

（3）TR0：T0 运行控制位，可通过软件置 1 或清零来起动或关闭 T0。在程序中，用指令"SETB　TR0"使 TR0 位置 1，这时定时器 T0 便开始计数。

（4）TF1：T1 溢出标志位，当 T1 溢出时，有硬件自动使中断触发器 TF1 置 1，并向

CPU 申请中断。当 CPU 响应中断进入中断服务程序后，TF1 被硬件自动清零。TF1 也可以用软件清零。

（5）TR1：T1 运行控制位，可通过软件置 1 或清零来起动或关闭 T1。在程序中，用指令"SETB　TR1"使 TR1 位置 1，T1 便开始计数。

### 5.1.2　T0 和 T1 的工作模式

51 系列单片机定时/计数器具有丰富的功能。T0 和 T1 除了可以选择定时/计数器的工作方式（定时或计数）外，每个定时/计数器还有 4 种工作模式，分别为模式 0、模式 1、模式 2、模式 3，其中，T0 和 T1 在模式 0、模式 1、模式 2 工作时，用法一致，仅在模式 3 中有所区别。89C52 单片机的定时/计数器 T0 和 T1 可由软件对特殊功能寄存器 TMOD 中的控制位 C/$\overline{T}$ 进行设置，用来选择定时功能还是计数功能。对 M1 与 M0 位的设置对应于 4 种工作模式，即模式 0、模式 1、模式 2、模式 3。

**1. 工作模式 0**　当置 M1 = 0 且 M0 = 0 时，T0 和 T1 就工作在模式 0 状态。工作模式 0 是由一个高 8 位计数器（TH0 或 TH1）和一个具有 32 位分频的低 8 位计时器（TL0 或 TL1）中的低 5 位组合成的 13 位计数器。工作模式 0 时 T0（或 T1）的组成结构如图 5-3 所示。在同一工作模式中，T1 和 T0 的组成结构相同。通常工作模式 0 很少用，常以工作模式 1 替代。

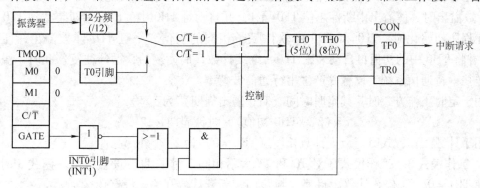

图 5-3　工作模式 0 时 T0（或 T1）的组成结构

**2. 工作模式 1**　工作模式 1 对应一个 16 位定时/计数器，如图 5-4 所示。其结构与操作几乎与工作模式 0 完全相同，唯一的差别是：在工作模式 1 中，寄存器 TH0 和 TL0 是以全部 16 位参与操作的。用于定时工作方式时，定时时间为：

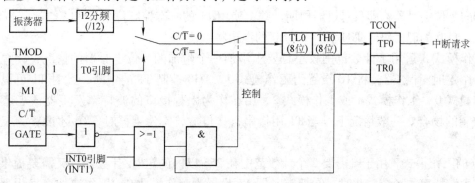

图 5-4　工作模式 1 时 T0（或 T1）的组成结构

$$t = (2^{16} - \text{T0 初值}) \times \text{时钟周期} \times 12$$

其计数范围更大，因此实际中多采用工作模式 1。用于计数方式时，计数长度为 $2^{16}$ 个外部脉冲。

**3. 工作模式 2** 工作模式 2 把 TL0（或 TL1）配置成一个可以自动重装载的 8 位定时/计数器，如图 5-5 所示。

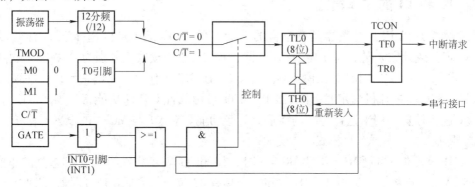

图 5-5 工作模式 2 时 T0（或 T1）的组成结构

在工作模式 2 中，16 位计数器被拆成两个，TL0 用作 8 位计数器，TH0 用以保存初值。TL0 计数溢出时，使溢出中断标志位 TF0 置 1，并自动将 TH0 中的内容重新装载到 TL0 中。

在程序初始化时，TL0 和 TH0 由软件赋予相同的初值。一旦 TL0 计数溢出，便置位 TF0，并将 TH0 中的初值再自动装入 TL0，继续计数，周而复始，循环往复。此时，溢出信号还送往串行通信系统，设置并产生串行通信波特率。

用于定时工作方式时，其定时时间（TF0 溢出周期）为：

$$t = (2^8 - \text{TH0 初值}) \times \text{时钟周期} \times 12$$

用于计数工作方式时，最大计数长度（TH0 = 0）为 $2^8$ 个外部脉冲。

**4. 工作模式 3** 工作模式 3 对 T0 和 T1 大不相同。对于 T1，设置为工作模式 3 时，相当于使 TR1 = 0，T1 停止计数，封锁"与"门，断开计数开关，没有什么实际意义。工作模式 3 只适用于 T0。当 TMOD 的低 2 位 M1、M0 都被设置为 1 时，T0 被设置为工作模式 3，将 16 位计数器分成 2 个相互独立的 8 位计数器 TL0 和 TH0，如图 5-6 所示。由图 5-6 可见，TL0 使用了 T0 的状态控制位，其操作情况与工作模式 0 和工作模式 1 相同，既可以按计数方式工作又可以按照定时方式工作，计算长度只有 8 位。TH0 被固定为一个只能按照定时方式工作的 8 位定时器，即只对机器周期计数，使用 T1 的状态控制位 TR1 和 TF1，并占用 T1 的中断。TH0 的起、停受 TR1 控制，TH0 的溢出将置位 TF1。

工作模式 3 适用于计数范围较小且要求增加一个附加的 8 位定时器的情况，使单片机具有 3 个定时/计数器。将 T0 设置为工作模式 3，TH0 控制 T1 的中断，此时 T1 可以设置为工作模式 0、工作模式 1 或工作模式 2，用在作为串行接口的波特率发生器或者不需要中断控制的场合。一般情况下，当 T1 用作串行接口波特率发生器时，T0 才设置为工作模式 3。

T0 的工作模式 3 用于既需要 2 个计数范围在 256 以内的定时/计数器，又需要提供串行通信产生波特率的场合。此时，常把定时器 T1 设置为工作模式 2，用作波特率发生器，如图 5-7 所示。

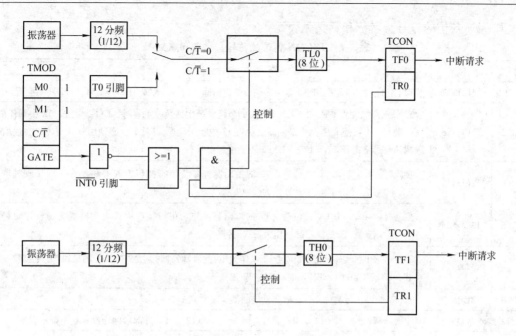

图 5-6　工作模式 3 时 T0 的组成结构

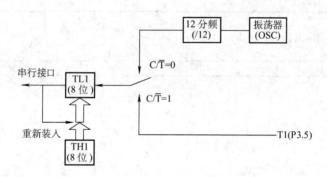

图 5-7　工作模式 2 时 T1 的组成结构

## 5.2　T2

### 5.2.1　T2 控制寄存器

89C52 除了具有 89C51 所有的 T0 和 T1 外，还增加了一个 T2。T2 的控制和状态位位于 T2CON（可位寻址）和 T2MOD（不可位寻址）。TCON 各位的定义如图 5-8 所示。

| | D7 | D6 | D5 | D4 | D3 | D2 | D1 | D0 | |
|---|---|---|---|---|---|---|---|---|---|
| T2CON | TF2 | EXF2 | RCLK | TCLK | EXEN2 | TR2 | C/$\overline{\text{T2}}$ | CP/$\overline{\text{RL2}}$ | C8H |

图 5-8　T2CON 各位的定义

T2CON 各位的符号、名称和意义见表 5-2。

**表 5-2　T2CON 各位的符号、名称和意义**

| 符号 | 位 | 名称和意义 |
|---|---|---|
| TF2 | T2CON. 7 | T2 溢出标志。T2 溢出时，置位必须由软件清除，当 RCLK 或 TCLK = 1 时，TF2 将不会置位 |
| EXF2 | T2CON. 6 | T2 外部标志。当 EXEN2 = 1 且 T2EX 的负跳变产生捕获或重装时，EXF2 置位。T2 中断使能时，EXF2 = 1 将使 CPU 从中断向量处执行 T2 中断子程序。EXF2 位必须用软件清零，在递增/递减计数器模式 DCEN = 1 时，EXF2 不会引起中断 |
| RCLK | T2CON. 5 | 接收时钟标志。RCLK 置位时，T2 的溢出脉冲作为串行接口模式 1 和模式 3 的接收时钟；RCLK = 0，将 T1 的溢出脉冲作为接收时钟 |
| TCLK | T2CON. 4 | 发送时钟标志。TCLK 置位时，T2 的溢出脉冲作为串行接口模式 1 和模式 3 的发送时钟；TCLK = 0 时，将 T1 的溢出脉冲作为发送时钟 |
| EXEN2 | T2CON. 3 | T2 外部使能标志。当其置位且 T2 未作为串行接口时钟时，允许 T2EX 的负跳变产生捕获或重装；EXEN2 = 0 时，T2EX 的跳变对 T2 无效 |
| TR2 | T2CON. 2 | T2 起动/停止控制位，置 1 时起动定时器 |
| C/T2 | T2CON. 1 | 定时/计数器选择（T2）。0 = 内部定时器（OSC/12），1 = 外部事件计数器（下降沿触发） |
| CP/RL2 | T2CON. 0 | 捕获/重装标志。置位 EXEN2 = 1 时，T2EX 的负跳变产生捕获。清零：EXEN2 = 1 时，T2 溢出或 T2EX 的负跳变都可使定时器自动重装；当 RCLK = 1 或 TCLK = 1 时，该位无效且定时器强制为溢出时自动重装 |

T2 模式控制器 T2MOD 各位的定义如图 5-9 所示：

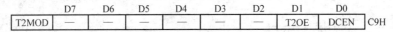

| | D7 | D6 | D5 | D4 | D3 | D2 | D1 | D0 | |
|---|---|---|---|---|---|---|---|---|---|
| T2MOD | — | — | — | — | — | — | T2OE | DCEN | C9H |

图 5-9　T2MOD 各位的定义

对 T2MOD 的说明如下：

（1）"—"表示不可用，保留将来用。

（2）T2OE 为 T2 输出使能位。

（3）DCEN 向下计数使能位，T2 可配置成向上/向下计数器。

## 5.2.2　T2 的工作方式

T2 是一个 16 位定时/计数器。它既可以当定时器使用，又可以作为外部事件计数器使用。其工作方式由特殊功能寄存器 T2CON 的 C/T2 位选择。T2 有 3 种工作方式，即捕获方式、自动重装载（向上或向下计数）方式和波特率发生器方式。其工作方式由 T2CON 的控制位来选择，见表 5-3。

T2 由两个 8 位寄存器——TH2 和 TL2 组成。在定时器工作方式中，每个机器周期，TL2 寄存器的值都加 1。由于一个机器周期由 12 个振荡时钟构成，因此，计数速率为振荡频率的 1/12。在计数工作方式时，当 T2 引脚上外部输入信号产生由 1 至 0 的下降沿时，寄存器的值加 1。在这种工作方式下，每个机器周期的 5SP2 期间，对外部输入进行采样。若在第一个机器周期中采到的值为 1，而在下一个机器周期中采到的值为 0，则在紧跟着的下一个周期的 S3P1 期间寄存器加 1。由于识别 1 至 0 的跳变需要 2 个机器周期（24 个振荡周期），

表 5-3　T2 的工作方式

| RCLK + TCLK | CP/RL2 | TR2 | 模 式 |
|:---:|:---:|:---:|:---:|
| 0 | 0 | 1 | 16 位自动重装载 |
| 0 | 1 | 1 | 16 位捕获 |
| 1 | X | 1 | 波特率发生器 |
| X | X | 0 | 关闭 |

因此，最高计数速率为振荡频率的 1/24。为确保采样的正确性，要求输入的电平在变化前至少保持一个完整周期的时间，以保证输入信号至少被采样一次。

**1. 捕获方式**　在捕获方式下，通过 T2CON 控制位 EXEN2 来选择两种方式。如果 EXEN2 = 0，T2 是一个 16 位定时器或计数器，计数溢出时，对 T2CON 的溢出标志 TF2 置位，同时激活中断。如果 EXEN2 = 1，T2 完成相同的操作，而当 T2EX 引脚外部输入信号发生 1 至 0 的负跳变时，也会使 TH2 和 TL2 中的值分别被捕获到 RCAP2H 和 RCAP2L 中。另外，T2EX 引脚信号的跳变使得 T2CON 中的 EXF2 置位，与 TF2 相仿，EXF2 也会激活中断。

**2. 自动重装载**（向上或向下计数器）**方式**　当 T2 工作于 16 位自动重装载方式时，能将其编程为向上或向下计数方式，这个功能可通过特殊功能寄存器 T2CON 的 DCEN 位（允许向下计数）来选择。复位时，DCEN 位置 0，T2 默认设置为向上计数。当 DCEN 置位时，T2 既可向上计数又可向下计数，这取决于 T2EX 引脚的值。当 DCEN = 0 时，T2 自动设置为向上计数。在这种方式下，T2CON 中的 EXEN 控制位有两种选择：若 EXEN2 = 0，T2 为向上计数至 FFFFH 溢出，置位 TF2 激活中断，同时把 16 位计数寄存器 RCAP2H 和 RCAP2L 重装载，RCAP2H 和 RCAP2L 的值可由软件预置；若 EXEN2 = 1，T2 的 16 位重装载由溢出或外部输入端 T2EX 从 1 至 0 的下降沿触发，并且这个脉冲使 EXF2 置位，如果中断允许，同样产生中断。T2 的中断入口地址是 002BH ~ 0032H。当 DCEN = 1 时，允许 T2 向上或向下计数，在这种方式下，T2EX 引脚控制计数器方向。T2EX 引脚为逻辑"1"时，定时器向上计数。当计数 FFFFH 向上溢出时，置位 TF2，同时把 16 位计数寄存器 RCAP2H 和 RCAP2L 重装载到 TH2 和 TL2 中。T2EX 引脚为逻辑"0"时，T2 向下计数。当 TH2 和 TL2 中的数值等 RCAP2H 和 RCAP2L 中的值时，计数溢出，置位 TF2，同时将 FFFFH 数值重新装入定时寄存器中。当 T2 向上溢出或向下溢出时，置位 EXF2 位。

**3. 波特率发生器**　当 T2CON 中的 TCLK 和 RCLK 置位时，T2 作为波特率发生器使用。如果 T2 作为发送器或接收器，其发送和接收的波特率可以是不同的。若 RCLK 和 TCLK 置位，则 T2 工作于波特率发生器方式。

波特率发生器方式与自动重装载方式相似，在此方式下，TH2 翻转使 T2 的寄存器用 RCAP2H 和 RCAP2L 中的 16 位数值重新装载，该数值由软件设置。

## 5.3　煤气控制器中定时器的应用

煤气控制器中的定时器主要用在中断程序的波特率发生器中，串行通信采用中断的形式。T1 作波特率发生器使用，选用自动重装载方式，即方式 2，并且 TL1 作计数用，自动重装载值放在 TH1 内。程序如下：

```
SSIOINIT: MOV   IE, #10010010B
          MOV   TMOD, #00100010B        ; T1 工作方式 2
          MOV   TH1, #0FDH              ; 定时器初值
          MOV   TL1, #0FDH              ; 定时器初值
          MOV   PCON, #00H
          MOV   SCON, #11110000B
          SETB  SM2
          SETB  TXD _ E
          SETB  TR1                     ; 起动定时器
          RET
```

# 第6章 51系列单片机中断系统

早期的计算机没有中断功能，主机与外围设备交换信息（数据）时只能采用程序控制传送方式。例如，在查询传送方式交换数据时，CPU 不能再做别的事情，而是在大部分的时间内处于等待状态，等待 I/O 接口准备就绪。现代计算机都具有实时处理功能，能对外界随机（异步）发生的事件作出及时处理，并依靠中断技术实现。

中断系统是计算机或者单片机的重要功能系统。有了中断系统，便可以使微处理器具备对外部异步事件进行处理的能力。在微处理器的 CPU 执行程序的过程中，如果外部硬件或者内部组件有紧急的请求，中断系统可以将当前的程序暂停，优先处理中断请求。中断请求处理完毕，再返回来继续执行主程序。

把 CPU 比作正在写报告的教师，把中断比作学生问问题。如果没有学生问问题，那么教师的主要任务是专心写报告；如果有学生问问题，那么教师放下正在写的报告，转而解答学生的问题。当学生问题解答完毕，教师回到原来被打断的地方继续写报告。在这个比喻中，学生问问题相当于向教师申请中断。

在这个比喻中，能够对比程序的无条件传送或查询方式的缺点。如果不设中断请求，教师写几个字不断问学生是否有问题，如果没有，那么再写几个字，接着进行第二轮的查询。很明显，这样浪费了一个重要的资源——教师的时间。这个比喻说明了中断的重要性，如果没有中断技术，CPU 的大量时间可能会浪费在原地踏步的操作上。

## 6.1 中断需要解决的问题

**1. 中断识别**　一个微处理器往往支持多个中断源。51 系列单片机支持 5 个中断源，而 89C52 则支持多达 8 个中断源。在响应中断时，中断系统可以区分不同的中断源。

在 51 系列单片机中，一般采用中断矢量的方法区分中断源。不同的中断源有不同的中断服务程序入口地址，即向量地址。

**2. 中断响应及返回**　中断处理流程如图 6-1 所示。在程序的执行过程中，如果有中断源请求中断，中断系统中止当前程序的执行，然后保护当前程序的各种参数，并保护现场，在中断响应后进入中断程序，执行响应的中断服务程序。中断服务程序执行完毕，中断系统负责返回到主程序的断点处，并恢复现场，继续执行断点以下的主程序。

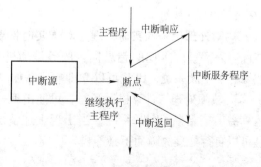

图 6-1　中断处理流程

**3. 中断优先级及中断嵌套**　当一个中断系统支持多个中断源的时候，经常会遇到这样的情况：在同一时刻，有两个以上的中断同时申请中断，或者在一个中断得到请求并进行处理的过程中，另一个中断发生并需要处理。这时，中断系统可以分别通过按内部查询顺序排队和实现中断嵌套的方法来解决。

（1）按内部查询顺序排队。一般情况下，系统中有多个中断源，因此会出现多个中断源同时申请中断请求的情况，这样就必须由设计者事先根据它们的轻重缓急，为每个中断源确定一个 CPU 为其服务的顺序号。当多个中断源同时向 CPU 发出中断请求时，CPU 根据中断源顺序号的次序依次响应中断请求。

（2）实现中断嵌套。当 CPU 正在处理某个中断请求时，又出现了另一个优先级别比它高的中断请求，这时 CPU 就暂时中止执行原来优先级较低的中断源的服务程序，并保护当前断点，然后转去执行优先级更高的中断请求，并为其服务，待服务结束后再继续执行原来优先级较低的中断服务程序。该过程为中断嵌套，可以有多级中断嵌套。二级中断嵌套的中断过程如图 6-2 所示。

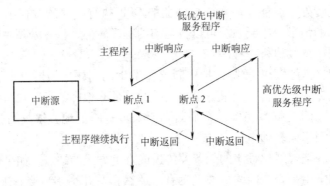

图 6-2　二级中断嵌套的中断过程

## 6.2　中断的功能

**1. 分时操作**　计算机的中断系统可以使 CPU 与外围设备同时工作。CPU 在起动外围设备后，继续执行主程序，而外围设备起动后，便开始工作。当外围设备准备工作就绪，向 CPU 发出中断请求时，CPU 暂时中断原来的工作，响应中断请求并为其服务，服务完毕再返回到原来的断点处继续运行主程序，而外围设备得到响应后继续自己的工作。因此，CPU 可以使多个外围设备同时工作，并分时为各外围设备提供服务，从而大大提高了 CPU 的利用率和 I/O 的速度。

**2. 对外部信号的实时处理**　对于实时性要求比较高的场合，可以采用中断来响应外部事件。外部事件向 CPU 请求提供服务是随机发生的，当发生外部事件向 CPU 请求服务时，如果有了中断系统，CPU 可以立即响应并加以处理。

**3. 故障处理**　计算机运行时，可能出现一些无法预测的硬件或软件事件，如电源断电、运算溢出等。有了中断系统，当出现上述情况时，CPU 可及时转去执行故障处理程序，并且可以自行处理故障而不必停机。

## 6.3　51 系列单片机中断系统的结构

51 系列单片机的中断系统有 5 个中断请求源，具有 2 个中断优先级，可实现两级中断服务程序嵌套。每一个中断源可以用软件独立地控制为允许中断或关中断状态，每一个中断源的中断级别均可用软件设置。89C52 共有 6 个中断向量：2 个外部中断（INT0 和 INT1），3 个定时器中断（T0、T1、T2）和 1 个串行接口中断。

**1. 中断源的种类**

（1）实时时钟。在控制中常会遇到定时检测和控制的情况，若用 CPU 执行一段程序来实现延时，则在规定时间内，CPU 不能进行其他工作。对于这种情况，常常采用专门的时钟电路，当需要定时时，CPU 发出定时命令，时钟电路开始计时，到达规定的时间后，时钟电路发出中断请求，CPU 响应并加以处理。

（2）硬件故障。当电源断电时，要求将正在执行的程序的重要信息（如程序计数器、各寄存器的内容及标志位的状态）保存下来，以便重新通电后能够从断点处继续执行。然而，目前大多数 RAM 的存储器是半导体存储器，断电之后数据会丢失，没有足够的时间完成对上述数据的保护。因此，在直流电源上并联大电容的电容器，使直流电源电压有一个变为零的过程，这就为保存上述数据提供了足够的时间。当电压降到一定值时，向 CPU 申请中断，这样就可以由计算机的中断系统来进行上述各项工作，完成断电保护工作。

（3）I/O 设备。计算机的 I/O 设备，例如键盘、打印机、A/D 转换器等，均在完成各自操作之后向 CPU 发出中断请求，通过中断请求来请求 CPU 为其服务。

（4）调试程序设置中断源。程序编好后，需经过反复调试才能正确可靠地工作。在调试过程中，为了检查中间结果的正确与否，或者为了寻找问题所在，往往在程序中设置断点。

**2. 89C52 中断系统的中断请求源**　　89C52 中断系统共有 6 个中断请求源，它们是：

（1）$\overline{\text{INT0}}$ 外部中断请求 0：中断请求信号由 $\overline{\text{INT0}}$ 引脚输入，中断请求标志为 IE0，通过 P3.2 引脚输入。

（2）$\overline{\text{INT1}}$ 外部中断请求 1：中断请求信号由 $\overline{\text{INT1}}$ 引脚输入，中断请求标志为 IE1，通过 P3.3 引脚输入。

（3）定时/计数器 T0 计数溢出中断请求：中断请求标志为 TF0。

（4）定时/计数器 T1 计数溢出中断请求：中断请求标志为 TF1。

（5）串行接口 TXD/RXD 中断请求：当串行接口完成 1 帧数据的发送或接收时，便请求中断，中断请求标志为发送中断 TI 或接收中断 RI。

（6）T2 的中断是由 T2CON 中的 TF2 和 EXF2 逻辑或产生的，当转向中断服务程序时，这些标志位不能被硬件清除。事实上，服务程序需确定是否是 TF2 或 EXF2 产生中断，若是，则由软件清除中断标志位。

**3. 特殊功能寄存器 TCON 和 SCON**　　每个中断源都对应一个中断请求标志位，它们设置在特殊功能寄存器 TCON 和 SCON 中。中断请求源的中断源请求标志位分别由特殊功能寄存器 TCON 和 SCON 的相应位锁存。

（1）TCON（88H）中的中断标志位。TCON 定时/计数器控制寄存器，字节地址为 88H，可进行位寻址。该寄存器中既包括了定时/计数器 T0 和 T1 的溢出中断请求标志位 TF0 和 TF1，又包括了两个外部中断请求标志位 IE0 和 IE1。其格式如图 6-3 所示。

各控制位的含义如下：

1）TF1：定时/计数器 T1 的溢出中断请求标志位。当起动 T1 计数以后，T1 从初值开始

| | D7 | D6 | D5 | D4 | D3 | D2 | D1 | D0 | |
|------|-----|-----|-----|-----|-----|-----|-----|-----|-----|
| TCON | TF1 | — | TF0 | — | IE1 | IT1 | IE0 | IT0 | 88H |
| 位地址 | 8FH | 8EH | 8DH | 8CH | 8BH | 8AH | 89H | 88H | |

图 6-3　TCON 中的中断标志位格式

加 1 计数。计数器最高位产生溢出时，由硬件使 TF1 置 1，并向 CPU 发出中断请求。当 CPU 响应中断时，硬件将自动对 TF1 清零。

2）TF0：定时/计数器 T0 的溢出中断请求标志位。当起动 T0 计数以后，T0 从初值开始加 1 计数。计数器最高位产生溢出时，由硬件使 TF0 置 1，并向 CPU 发出中断请求。当 CPU 响应中断时，硬件将自动对 TF0 清零。

3）IE1：外部中断 INT1 的中断请求标志位。当检测到外部中断引脚 1 上存在有效的中断请求信号时，由硬件使 IE1 置 1。当 CPU 响应中断请求时，由硬件使 IE1 清零。

4）IT1：外部中断 INT1 的中断触发方式控制位。当 IT1 = 0 时，为低电平触发方式；当 IT1 = 1 时，为下降沿触发方式。

5）IE0：外部中断 INT0 的中断请求标志位。当检测到外部中断引脚 1 上存在有效的中断请求信号时，由硬件使 IE0 置 1；当 CPU 响应中断请求时，由硬件使 IE0 清零。

6）IT0：外部中断 INT0 的中断触发方式控制位。当 IT0 = 0 时，为低电平触发方式；当 IT0 = 1 时，为下降沿触发方式。

（2）SCON（98H）中的中断标志位。SCON 为串行接口控制寄存器，其低 2 位为锁存串行接口的接收中断标志 RI 和发送中断标志 TI。SCON 中的中断标志位格式如图 6-4 所示。

| | | | | | | | D1 | D0 | |
|------|-----|-----|-----|-----|-----|-----|-----|-----|-----|
| SCON | — | — | — | — | — | — | TI | RI | 98H |
| 位地址 | — | — | — | — | — | — | 99H | 98H | |

图 6-4　SCON 中的中断标志位格式

各控制位的含义如下：

1）TI：串行接口发送中断请求标志位。CPU 将一个数据写入发送缓冲器 SBUF 时，就启动发送，每发送完 1 帧数据后，硬件置位 TI。CPU 响应中断时，并不对 TI 清零，必须在中断服务程序中由软件对 TI 清零。

2）RI：串行接口接收中断请求标志位。在串行接口允许接收时，每接收完一个串行帧，硬件置位 RI。同样，CPU 响应中断时，并不对 RI 清零，必须在中断服务程序中由软件对 RI 清零。

**4. 中断优先级的控制**　89C52 有 4 个中断优先级与 3 个特殊功能寄存器相关，这 3 个特殊功能寄存器分别是 IE、IP 和 IPH。

（1）中断允许控制 IE（0A8H）。89C52 中断源的开放或屏蔽是由中断允许寄存器 IE 控制的，其字节地址为 0A8H，可进行位寻址。中断允许控制寄存器 IE 的位定义格式如图 6-5 所示。

中断允许寄存器 IE 对中断的开放或屏蔽实现两级控制。所谓两级控制，就是总的开关中断控制位 EA（IE. 7）。当 EA = 0 时，屏蔽所有的中断请求，即任何中断请求都不接受；

| | D7 | D6 | D5 | D4 | D3 | D2 | D1 | D0 | |
|---|---|---|---|---|---|---|---|---|---|
| IE | EA | — | ET2 | ES | ET1 | EX1 | ET0 | EX0 | A8H |
| 位地址 | AFH | AEH | ADH | ACH | ABH | AAH | A9H | A8H | |

图 6-5　中断允许控制寄存器 IE 的位定义格式

当 EA = 1 时，CPU 开中断，但 6 个中断源还要由 IE 低 6 位的各对应控制位的状态进行中断允许控制。

IE 中各位控制中断的含义见表 6-1。值得注意的是，程序员不应将"1"写入保留位，这些位是将来 AT89 系列产品作为扩展用的。

表 6-1　IE 中各位控制中断的含义

| | | | |
|---|---|---|---|
| EA | IE. 7 | 总开关控制位 | EA = 0，禁止所有中断 |
| | | | EA = 1，各中断的允许或禁止取决于各中断控制位的状态 |
| — | IE. 6 | — | 保留位 |
| ET2 | IE. 5 | T2 中断允许控制位 | ET2 = 0，禁止 T2 中断 |
| | | | ET2 = 1，允许 T2 中断 |
| ES | IE. 4 | 串行接口中断允许控制位 | ES = 0，禁止串行接口中断 |
| | | | ES = 1，允许串行接口中断 |
| ET1 | IE. 3 | T1 的溢出中断允许控制位 | ET1 = 0，禁止 T1 中断 |
| | | | ET1 = 1，允许 T1 中断 |
| EX1 | IE. 2 | 外部中断 INT1 中断允许控制位 | EX1 = 0，禁止外部中断 1 中断 |
| | | | EX1 = 1，允许外部中断 1 中断 |
| ET0 | IE. 1 | T0 的溢出中断允许控制位 | ET0 = 0，禁止 T0 中断 |
| | | | ET0 = 1，允许 T0 中断 |
| EX0 | IE. 0 | 外部中断 INT0 中断允许控制位 | EX0 = 0，禁止外部中断 0 中断 |
| | | | EX0 = 1，允许外部中断 0 中断 |

（2）中断优先级控制 IP （0B8H）。IP 寄存器中 6 个中断源的每一个都可定为 2 个优先级，每一个中断请求源均可编程为高优先级中断或低优先级中断。中断系统中有两个不可寻址的"优先级生效"触发器，一个指出 CPU 是否正在执行高优先级的中断服务程序，另一个指出 CPU 是否正在执行低优先级的中断服务程序。这两个触发器为 1 时，分别屏蔽所有中断请求。89C52 片内有一个中断优先级寄存器 IP，其字节地址为 B8H，可进行位寻址。其控制位的定义格式如图 6-6 所示。

| | D7 | D6 | D5 | D4 | D3 | D2 | D1 | D0 | |
|---|---|---|---|---|---|---|---|---|---|
| IP | — | — | PT2 | PS | PT1 | PX1 | PT0 | PX0 | B8H |
| 位地址 | BFH | BEH | BDH | BCH | BBH | BAH | B9H | B8H | |

图 6-6　IP 控制位的定义格式

各控制位的含义如下：

1）PX0：外部中断 0 中断优先级控制位。

2）PT0：T0 中断优先级控制位。

3）PX1：外部中断 1 中断优先级控制位。

4）PT1：T1 中断优先级控制位。

5）PS：串行接口中断优先级控制位。

6）PT2：T2 中断优先级控制位。

（3）寄存器 IPH（B7H）。寄存器 IPH 中断优先级高，组成 4 级中断结构，IPH 的地址位于 SFR 中的 B7H。IPH 寄存器控制位的定义格式如图 6-7 所示。

| | D7 | D6 | D5 | D4 | D3 | D2 | D1 | D0 | |
|---|---|---|---|---|---|---|---|---|---|
| IPH | — | — | PT2H | ESH | PT1H | PX1H | PT0H | PX0H | B7H |
| 位地址 | B7H | B6H | B5H | B4H | B3H | B2H | B1H | B0H | |

图 6-7　IPH 寄存器控制位的定义格式

1）中断优先级控制位 =1，定义为高优先级中断。

2）中断优先级控制位 =0，定义为低优先级中断。

IPH 中各控制位的含义见表 6-2。

表 6-2　IPH 中各控制位的含义

| 位 | 标号 | 功　能 |
|---|---|---|
| IPH. 7 | | 无效，留给将来使用 |
| IPH. 6 | — | 无效，留给将来使用 |
| IPH. 5 | PT2H | 定时器 2 中断优先级控制位为高 |
| IPH. 4 | ESH | 串行接口中断优先级控制位为高 |
| IPH. 3 | PT1H | T1 中断优先级控制位为高 |
| IPH. 2 | PX1H | 外部中断 1 中断优先级控制位为高 |
| IPH. 1 | PT0H | T0 中断优先级控制位为高 |
| IPH. 0 | PX0H | 外部中断 0 中断优先级控制位为高 |

IPH 寄存器的功能很简单，IPH 和 IP 组合使用决定每一个中断的优先级，见表 6-3。

表 6-3　IPH 和 IP 组合优先级

| 优先级位 | | 中断优先级 |
|---|---|---|
| IPH. x | IP. x | |
| 0 | 0 | 0 级（最低级） |
| 0 | 1 | 1 级 |
| 1 | 0 | 2 级 |
| 1 | 1 | 3 级（最高级） |

（4）如何确定中断的优先级。

1）若某几个中断控制位为 1，则相应的中断源就规定为高级中断；若某几个中断源控制位为 0，则相应的中断源就规定为低级中断。

2）当同时接收到几个同一优先级别的中断请求时，响应哪个中断源，取决于内部硬件查询顺序。其优先级顺序队列由高到低为：外部中断 0，T0 溢出中断，外部中断 1，T1 溢出中断，串行接口中断，T2 溢出中断。

3）4 个中断级，在没有产生同级中断和更高级中断的情况下，中断将被执行。如果同级的中断或更高级的中断正在执行，新的中断只有等到正在执行的中断结束后才能被执行。正在执行中断的情况下产生新的中断时，低级的中断停止转而执行新的中断，直到新中断完成才可以执行被停止的中断。

（5）关于各中断源的中断优先级关系。

1）低优先级可被高优先级中断，反之则不能。

2）任何一种中断，一旦得到响应，不会再被它的同级中断源中断。

## 6.4 中断响应过程

**1. 响应中断请求的条件** 一个中断源的中断请求被响应，需满足以下必要条件：

（1）总中断允许开关接通，即 IE 寄存器中的中断总允许位 EA = 1。

（2）该中断源发出中断请求，即该中断源对应的中断请求标志为"1"。

（3）该中断源的中断允许位为"1"，即该中断没有被屏蔽。

（4）无同级或更高级的中断正在被服务。

中断响应就是 CPU 对中断源提出中断请求的接受。当 CPU 查询到有效的中断请求，并满足上述条件时，紧接着就进行中断响应。

（1）当一个中断满足响应条件后，CPU 便可以执行中断响应。

（2）CPU 响应中断，硬件自动将当前的断点地址压入堆栈。

（3）将相应的中断入口地址装入程序计数器 PC 中。

（4）程序转向响应的中断入口地址，开始执行中断服务程序。

（5）对于某些中断，硬件还自动将中断标志位清零。

**2. 中断矢量地址** 中断响应的主要过程首先是由硬件自动生成一条长调用指令"LCALL addr16"。这里的 addr16 就是程序存储区中相应的中断入口地址。例如，对于外部中断 1 的响应，硬件自动生成的长调用指令为

    LCALL 0013H

生成 LCALL 指令后，紧接着就由 CPU 执行该指令。首先是将程序计数器 PC 的内容压入堆栈以保护断点，再将中断入口地址装入 PC，使程序转向响应中断请求的中断入口地址。各中断源服务程序的入口地址是固定的，见表6-4。

表 6-4 中断源服务程序的入口地址

| 中断源 | 中断入口地址 |
| --- | --- |
| 外部中断 0 | 0003H |
| 定时/计数器 T0 | 000BH |
| 外部中断 1 | 0013H |
| 定时/计数器 T1 | 001BH |
| 串行接口中断 | 0023H |
| 定时/计数器 T2 | 002BH |

两个中断入口间只相隔8B，一般情况下难以安放一个完整的中断服务程序。因此，通常在中断入口地址处放置一条无条件转移指令，使程序转向执行在其他地址中存放的中断服务程序。例如，煤气控制器的主程序为：

```
ORG    0000H
LJMP   MAIN
ORG    0023H
LJMP   SSIO
```

**3. 中断的响应时间**　CPU 对中断的响应是需要一定时间的。对于实时性要求比较高的场合，就需要考虑中断的响应时间。所谓中断的响应时间，是指 CPU 从检查中断请求标志位（TCON 或 SCON）到转向对应的中断入口地址所需的机器周期个数。

51 系列单片机对一个正确中断的响应，首先需要查询标志位（占用 1 个机器周期），然后产生 LCALL 指令（占用 2 个机器周期），接着转向中断入口地址。因此，一个中断的响应最少需要 3 个机器周期才能完成。这里之所以说最少需要 3 个机器周期，是因为有的时候还可能需要多于 3 个机器周期的时间。如果碰到不满足前面的中断响应条件的情况，则中断被等待处理，此时便需要更长的响应时间。

**4. 中断响应被封锁的情况**　中断响应是有条件的，并不是查询到的所有中断请求都能被立即响应。当遇到下列 3 种情况之一时，中断响应被封锁：

（1）CPU 正在处理同级或更高优先级的中断。因为当一个中断被响应时，要把对应的中断优先级状态触发器置"1"，从而封锁了低级中断和同级中断的请求。

（2）所查询的机器周期不是当前正在执行指令的最后一个机器周期。做这个限制的目的是：只有在当前指令执行完毕后，才能进行中断响应，以确保当前指令被完整地执行。

（3）正在执行的指令是 RETI 或是访问 IE 或 IP 的指令。因为按 89C52 中断系统特性的规定，在执行完这些指令后，需要再执行完一条指令才能响应新的中断请求，否则，CPU 将丢掉中断查询结果，不能对中断进行响应。

**5. 外部中断触发方式的选择**　外部中断的触发有两种方式，即电平触发方式和跳沿触发方式。

（1）电平触发方式：若外部中断定义为电平触发方式，则外部中断申请触发器的状态随着 CPU 在每个机器周期采样到外部中断输入线的电平变化而变化，这能提高 CPU 对外部中断请求的响应速度。

（2）跳沿触发方式：外部中断若定义为跳沿触发方式，则外部中断申请触发器能锁存外部中断输入线上的负跳变。

**6. 中断请求的撤销**　某个中断请求被响应后，就存在着中断请求撤销的问题。

（1）定时/计数器中断请求的撤销。定时/计数器的中断请求被响应后，硬件会自动把中断请求标志位（TF0 或 TF1）清零，所以定时/计数器的中断请求是自动撤销的。

（2）外部中断请求的撤销。

1）跳沿方式外部中断请求的撤销：跳沿方式外部中断请求的撤销包括两项内容，即中断标志位的清零和外部中断信号的撤销。

2）电平方式外部中断请求的撤销：电平方式外部中断请求的撤销是自动的，但中断请求信号的低电平可能继续存在，在以后机器周期采样时，又会把已清零的 IE0 或 IE1 标志位重新置"1"。

## 6.5　中断服务子程序的设计

中断系统的运行必须与中断服务子程序配合才能正确使用。

**1. 中断服务子程序的基本任务**

（1）设置中断允许控制寄存器 IE，允许响应的中断源请求中断。

（2）设置中断优先级寄存器 IP，确定并分配所使用中断源的优先级。

（3）若是外部中断源，还要设置中断请求的触发方式 IT1 和 IT0，以决定采用电平触发方式还是跳沿触发方式。

（4）编写中断源服务子程序，处理中断请求。

一般将前 3 个基本任务放到主程序的初始化程序段中。煤气控制器中断初始化的程序如下：

```
SSIOINIT: MOV   IE, #10010010B
          MOV   TMOD, #00100010B
          MOV   TH1, #0FDH
          MOV   TL1, #0FDH
          MOV   PCON, #00H
          MOV   SCON, #11110000B
          SETB  SM2
          SETB  TXD _ E
          SETB  TR1
          RET
```

**2. 中断服务子程序的过程**　89C52 响应中断后，就进入中断服务子程序。中断服务子程序的过程如图 6-8 所示。

（1）现场保护和现场恢复。所谓现场，是指进入中断时单片机中某些寄存器和存储单元中的数据或状态。为了使中断服务子程序的执行不破坏这些数据或状态，以免在中断返回后影响主程序的运行，这就需要把它们送入堆栈中保存起来，这就是现场保护。现场保护一定要位于现场中断处理程序的前面。

中断处理结束后，在返回主程序前，则需要将保存的现场内容从堆栈中弹出，以恢复那些寄存器和存储器单元中的原有内容，这就是现场恢复。现场恢复一定要位于中断处理程序的后面。

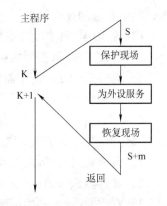

图 6-8　中断服务子程序的过程

（2）关中断和开中断。在现场保护和现场恢复前关中断，是为了防止此时有高一级的中断进入，避免现场被破坏。在现场保护和现场恢复之后开中断，是为下一次的中断做好准备，也是为了有更高级的中断进入。这样，中断处理可以被打断，但原来的现场保护和现场恢复不允许更改，除了现场保护和现场恢复时刻外，其他时刻仍然保持着中断嵌套的功能。

有时对于一个重要的中断，必须将其执行完毕，不允许被其他中断所嵌套。对此，可在现场保护之前先关闭总中断开关位，彻底关闭其他中断请求，在中断处理完后再开总中断开关位。

（3）中断处理。中断处理是中断源请求中断的具体目的。在应用设计时，应根据任务的具体要求来编写中断处理部分的程序。

（4）中断返回。中断服务子程序的最后一条指令必须是返回指令 RETI。RETI 指令是中断服务程序结束的标志。CPU 执行完这条指令后，把响应中断时所置"1"的不可寻址的优先级状态触发器清零，然后从堆栈中弹出栈顶上两个字节的断点地址送到程序计数器 PC，并且将弹出的第一个字节送入 PCH，将弹出的第二个字节送入 PCL，接着 CPU 从断点处重新执行被中断的程序。

## 6.6　外部中断源的扩展

对于很多的测控系统，有时会有许多中断源需要处理，这时往往需要中断源的扩展，从而实现对多个外部中断源的响应处理能力。经常使用的方法有两种，即使用定时/计数器扩展和使用查询。

**1. 定时/计数器扩展外部中断源**　对于定时/计数器，如果计数达到最大值后再有一个计数信号输入，将引发溢出中断。因此，可将定时/计数器的初值赋为计数最大值，然后再将定时/计数器的输入端作为外部中断源的输入端，当外部中断产生的时候，将给定时/计数器一个计数信号，引起中断响应。由于定时/计数有多种工作模式，对于不同的工作模式有不同的处理方法，主要有以下两种处理方式：

（1）定时/计数器工作模式 2 扩展外部中断源。定时/计数器的工作模式 2 是一种 8 位自动装载模式。计数器的低 8 位作为计数部分，高 8 位为自动装载的计数初值。使用该模式扩展外部中断源的过程如下：

1）置 T0 或 T1 作为工作模式 2。

2）将该定时/计数器的初值均赋为 FFH。

3）将外部中断源的中断信号接到定时/计数器的计数输入端。

4）在相应的定时/计数器中断入口处放置中断服务程序。

（2）其他模式扩展。对于其他的定时/计数器工作模式，操作流程和模式类似于工作模式 2，不过需要手工重新赋初值。

1）设置定时/计数器的其他模式。

2）赋计数最大值。

3）在定时/计数器的中断入口放置中断服务。

4）重新赋计数最大值。

使用定时/计数器扩展外部中断源时，不需要额外的硬件，只使用单片机本身的资源即可完成，并且程序处理比较简单。但是，这种方式占用了本身的定时/计数器资源，在需要使用定时/计数器或者有更多外部中断源的时候，便无法有效地使用。

**2. 查询方式扩展外部中断源**　使用查询方式扩展外部中断源，可以获得较多的外部中断源控制。查询方式扩展外部中断源示意图如图 6-9 所示。

通过 $\overline{INT0}$ 扩展 8 个外部中断源INT00 ~ INT07。这 8 个中断的有效信号为高电平，通过 OC 非门接到$\overline{INT0}$端口，外部中断信号同时也接到单片机的 P1 端口。

当某个外部中断发生的时候，输出高电平的有效信号经反相后转换成低电平的有效信号，并输入 $\overline{INT0}$ 端口引发中断。CPU 响应中断，并开始扫描 P1 端口电平，以确定哪一个中断提出申请。这里扩展的外部中断的优先级是不同的，主要表现在 CPU 对端口的扫描顺序上。

使用查询方式扩展外部中断源，可以实现多个外部中断源的扩展，但需要外接其他硬件，并且系统硬件和软件都比较复杂。

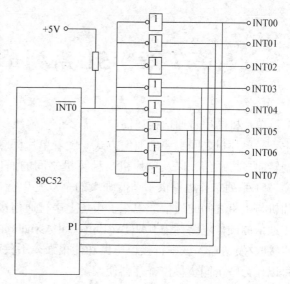

图 6-9 查询方式扩展外部中断源示意图

## 6.7 煤气控制器通信的中断方式

煤气控制器通信一般常用串行接口的通信方式。程序如下：

```
ORG   0000H
LJMP  MAIN
ORG   0023H；串行接口中断入口
LJMP  SSIO
```

在串行接口初始化程序中，设置中断允许控制寄存器 IE，串行接口 TXD/RXD 进行中断请求，当串行接口完成 1 帧数据的发送或接收时，便请求中断。中断请求标志为发送中断 TI 或接收中断 RI，在 SCON 中设置初始值。程序如下：

```
SSIOINIT:  MOV   IE, #10010010B        ；设置中断允许初始值
           MOV   TMOD, #00100010B
           MOV   TH1, #0FDH
           MOV   TL1, #0FDH
           MOV   PCON, #00H
           MOV   SCON, #11110000B      ；串行接口 TXD/RXD 进行中断请求，设置
                                          TI/RI 初始值
           SETB  SM2
           SETB  TXD _ E
           SETB  TR1
           RET
```

# 第7章 51系列单片机串行接口

单片机的串行通信接口简单，需要的传输线少，特别适用于远程通信和分布式控制系统中，是单片机之间主要的通信方式。随着单片机应用层次的不断扩大，单片机逐渐从单机控制转向多机通信，以及单片机与计算机之间的通信。多机通信的关键是数据之间的正确传递。51系列单片机提供了功能强大的全双工串行通信接口，可以方便地实现多机通信或单片机与主机之间的通信。现在，市场上串行通信接口电路的种类有很多，一般将能够完成异步通信的硬件电路称为UART（Universal Asynchronous Receiver/Transmitter）接口，即通用异步接收/发送器。该串行接口电路功能很强，不仅可以进行串行异步数据的发送和接收，也可以作为一个同步移位寄存器使用。

## 7.1 串行通信概述

单片机和外围设备的通信接口有两种，即并行通信和串行通信。并行通信与串行通信是微处理器与外围设备进行信息交换的基本方法。采用并行通信时，构成一个字符或数据的每一位同时传送，每一位都占用一条通信线，另外还需联络线以保证微处理器能与外围设备协调地工作。并行通信具有较高的传输速度，但由于在长线上驱动，接收信号较困难，并且驱动和接收电路较复杂，因而使并行通信的传输距离受到限制。这种通信方式多用于计算机内部，或者作为计算机与近距离外围设备传输信息之用。采用串行通信时，构成一个字符或数据的每一位按时间先后一位一位地传输。与并行通信相比，它占用较少的通信线，因而使其成本降低，适合于较远距离的信息传输。串行通信常在计算机与外围设备或计算机之间传输信息时使用。当传输距离较远时，可采用通信线路（如公众电话网络、无线传输等）。由于它占用的通信线较少，所以应用较广泛。在使用串行通信时，发送及接收端必须通过并行—串行转换电路与微处理器相连。

### 7.1.1 串行通信分类

串行通信使用一条数据线，将数据一位一位地依次传输，每一位数据占据一个固定的时间长度。其只需要少数几条线就可以在系统间交换信息，特别适用于计算机与计算机、计算机与外围设备之间的远距离通信。这种通信方式的优点是数据线少，节省硬件成本及单片机的资源，并且抗干扰能力强，适合于远距离传输。其缺点是数据传送速度慢，效率低。

串行通信可以分为同步通信和异步通信两类。同步通信按照软件识别同步字符来实现数据的发送和接收，而异步通信是一种利用字符再同步技术的通信方式。

**1. 同步通信**（Asynchronous Communication）　同步通信是一种连续串行传送数据的通信方式，一次通信只传送1帧信息。这里的信息帧与异步通信中的字符帧不同，通常含有若干个数据字符。同步通信由同步字符、数据字符和校验字符（CRC）组成。其中，同步字符位于帧开头，用于确认数据字符的开始；数据字符在同步字符之后，个数没有限制，由所需传输的数据块长度来决定；校验字符有 1 个或 2 个，用于接收端对接收到的字符序列进行正确性的校验。同步通信的缺点是要求发送时钟和接收时钟保持严格的同步。

同步通信是把要发送的数据按顺序连接成一个数据块，在数据块的开头附加同步字符，在数据块的末尾附加差错校验字符。在数据块的内部，数据与数据之间没有间隔。同步通信的字符帧有两种结构，分别为单同步字符帧结构和双同步字符帧结构，如图 7-1 所示。

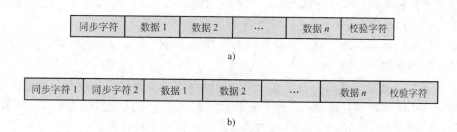

图 7-1 同步通信的字符帧格式

a）单同步字符帧结构 b）双同步字符帧结构

同步通信时，发送方首先发送同步字符，数据紧跟其后发送。接收方检测到同步字符后，开始接收数据，并按照双方规定的长度将接收到的数据恢复成一个一个的数据字节，直到将所有数据接收完毕。如果最后校验结果无传输错误，则可以结束 1 帧的传输。

在同步通信过程中，数据块之间一般不能有间隔，如果需要间隔，则应发送同步字符来填充间隔。在同步通信中，同步字符可以采用统一的标准格式，也可以由通信的双方共同规定。在同步通信过程中，发送方和接收方需要采用统一的时钟，以保持完全的同步。一般来说，如果是近距离数据传输，则可以在发送方和接收方之间增加 1 根公用的时钟信号线来实现同步；如果是远距离的数据通信，则可以通过解调器从数据流中提取同步信号，并采用锁相技术使接收方获得与发送方完全相同的时钟信号，从而实现同步。

同步通信的优点是传输速率高，一般用于高速率的数据通信场合；缺点是需要进行发送方与接收方之间的同步，系统比较复杂。

**2. 异步通信**（Synchronous Communication） 在异步通信中有两个比较重要的指标，即字符帧格式和波特率。数据通常以字符或者字节为单位组成字符帧进行传送。字符帧由发送端逐帧发送，通过传输线被接收设备逐帧接收。发送端和接收端可以由各自的时钟来控制数据的发送和接收，这两个时钟源彼此独立，互不同步。接收端检测到传输线上发送过来的低电平逻辑 "0"（即字符帧起始位）时，确定发送端已开始发送数据。每当接收端接收到字符帧中的停止位时，就知道 1 帧字符已经发送完毕。

在异步通信中，字符帧按顺序一般可以分为起始位、数据位、奇偶校验位和停止位四部分。异步通信的字符帧格式如图 7-2 所示。

图 7-2 异步通信的字符帧格式

（1）起始位。起始位为低电平 0 信号，位于字符帧的开始，用于表示向接收端开始发送数据。在字符帧中，起始位占用 1 位。

（2）数据位。根据需要，数据位可以是 5 位、6 位、7 位或 8 位数据，发送时，首先发送低位，即低位在前，高位在后。

（3）奇偶校验位。奇偶校验位为可编程序位，用来表明串行数据是采用奇校验还是偶校验。在字符帧中，奇偶校验位只占 1 位。

（4）停止位。停止位为高电平 1 信号，位于字符帧的末尾，表示 1 帧信息的结束。停止位可以取 1 位、1.5 位或 2 位。

在异步通信过程中，数据在传输线路上的传送一般是不连续的，即传输时，字符间隔不固定，各个字符帧之间既可以连续发送，也可以间断发送。在间断发送时，停止位之后，传输线路上自动保持高电平。

在单片机进行异步通信之前，需要通信的双方统一通信格式。通信格式主要表现在字符帧的格式和波特率两个方面。

（1）字符帧格式是字符的编码形式、奇偶校验形式以及起始位和停止位的定义。例如：传送数据位 ASCII 码时，起始位占 1 位，有效数据占 7 位，奇偶效验位占 1 位，停止位占 1 位。这样，1 个字符帧共 10 位。通信双方必须采用相同的字符帧格式。

（2）波特率指的是每秒发送的二进制位数，单位为 bit/s。波特率是串行通信的重要指标，表明了数据传输的速度。波特率越高，数据传输也就越快。波特率和字符的实际传输速度不相同，波特率等于 1 个字符帧的二进制编码的位数乘以每秒字符数。例如，对于上面的 ASCII 码，1 个字符帧用 10 位编码，如果波特率为 1200bit/s，则实际的字符传输速度为 120 字符/s。通信的双方必须采用相同的波特率。

异步通信的优点是字符帧的长度不受限制，也不需要进行时钟同步，使用起来比较简单，应用范围广；缺点是由于每个字符都要有起始位、奇偶校验位和停止位，这样就降低了有效的数据传输速率。

## 7.1.2 串行通信的数据传送方式

在串行通信的过程中，根据通信双方之间的数据流向，可以分为单工制式、半双工制式和全双工制式。

**1. 单工制式**（Simplex） 单工制式的数据传送方向是单向的，一方固定为发送端，另一方固定为接收端。单工制式通信方式比较简单，只需要 1 根数据线。

**2. 半双工制式**（Half Duplex） 在半双工制式中，系统通信的双方都有一个串行发送器和串行接收器，通过内部的切换开关实现发送与接收的转换。半双工制式的数据传输是双向的，数据既可以从 A 端发送到 B 端，也可以从 B 端发送到 A 端，但在同一时间内只能从一端发送到另一端。半双工制式通信方式也需要 1 根数据线。

**3. 全双工制式**（Full Duplex） 在全双工制式中，系统通信的双方都有一个串行发送器和串行接收器。与半双工制式不同的是，这里通信的双方之间采用 2 根数据线，使用信道划分的技术，分别用于 A 端发送 B 端接收和 B 端发送 A 端接收，这样便可以实现同时的双向数据传输。

51 系列单片机一般都有全双工制式串行通信端口，也可以实现多机全双工通信。但在一般的使用中，大都采用半双工制式，虽然没有充分发挥硬件的效率，但系统的设计比较简单。

## 7.2　串行通信标准

在单片机的应用系统中，广泛采用异步传输通信的方式进行数据通信。然而，通信线路连接的时候，需要选择标准接口，另外，还需要考虑电平转换、传输介质等问题。通信的双方共同遵守的某种约定成为物理接口标准，包括电缆的机械特性、电气信号功能及传输过程的定义。

在数据通信、计算机网络以及分布式工业控制系统中，经常采用串行通信来交换数据和信息。串行通信由于接线少、成本低，在数据采集和控制系统中得到了广泛的应用，产品也多种多样。

### 7.2.1　串行通信总线标准

**1. RS－232C 标准**　1969 年，美国电子工业协会（EIA）公布了 RS－232C 作为串行通信接口的电气标准。该标准定义了数据终端设备（DTE）和数据通信设备（DCE）间按位串行传输的接口信息，合理安排了接口的电气信号和机械要求，在世界范围内得到了广泛的应用。但它采用单端驱动非差分接收电路，因而存在着传输距离不太远（最大传输距离为 15m）和传输速率不太高（最大位速率为 20kbit/s）的问题，并且在进行远距离串行通信时必须使用 MODEM，增加了成本。在分布式控制系统和工业局部网络中，传输距离常介于近距离（小于 20m）和远距离（大于 2km）之间，这时 RS－232C（25 脚连接器）不能采用，而用 MODEM 又不经济，因而需要制定新的串行通信接口标准。

**2. RS－449 标准**　1977 年，EIA 制定了 RS－449 标准，它除了保留与 RS－232C 兼容的特点外，还在提高传输速率、增加传输距离以及改进电气特性等方面做了很大努力，并增加了 10 个控制信号。与 RS－449 同时推出的还有 RS－422 和 RS－423，它们是 RS－449 的标准子集。另外，还有 RS－485，它是 RS－422 的变形。RS－422、RS－423 是全双工制式的，而 RS－485 是半双工制式的。

**3. RS－422 标准**　RS－422 标准规定采用平衡驱动差分接收电路，提高了数据传输速率（最大位速率为 10Mbit/s），增加了传输距离（最大传输距离为 1200m）。

**4. RS－423 标准**　RS－423 标准规定采用单端驱动差分接收电路，其电气性能与 RS－232C 几乎相同，可连接 RS－232C 和 RS－422。它一端可与 RS－422 连接，另一端则可与 RS－232C 连接，提供了一种从旧技术到新技术过渡的手段，同时又提高了位速率（最大为 300kbit/s）和传输距离（最大为 600m）。

**5. RS－485 标准**　RS－485 是半双工制式的，当用于多站互联时可节省信号线，便于高速、远距离传送。许多智能仪器设备均配有 RS－485 总线接口，相互之间联网十分方便。

### 7.2.2　RS－232C 标准

RS－232C 标准（协议）的全称是 EIA－RS－232C 标准，其中 EIA（Electronic Industry Association）代表美国电子工业协会，RS（Recommended Standard）代表推荐标准，232 是标志号，C 代表 RS－232 的最新一次修改（1969 年），在这之前有 RS－232B、RS－232A。它规定了连接电缆和机械特性、电气特性、信号功能及传送过程。常用的物理标准还有

RS – 422A、RS – 423A、RS – 485。这里只介绍 RS – 232C（简称为 232 或 RS – 232）。例如，目前在 IBM PC 上的 COM1、COM2 接口就是 RS – 232C 接口。

**1. 电气特性**　RS – 232C 标准对电气特性、逻辑电平和各种信号线功能都做了以下规定：

（1）在 TXD 发送数据（Transmitted Data）线和 RXD 接收数据（Received Data）线上有：

逻辑 1（MARK）= – 15 ~ – 3V

逻辑 0（SPACE）= 3 ~ 15V

（2）在 RTS、CTS、DSR、DTR 和 DCD 等控制线上有：

信号有效（接通，ON 状态，正电压）= 3 ~ 15V

信号无效（断开，OFF 状态，负电压）= – 15 ~ – 3V

晶体管—晶体管逻辑（Transistor Transistor Logic，简称为 TTL）电平信号被利用得最多是因为数据表示通常采用二进制规定，5V 等价于逻辑"1"，0V 等价于逻辑"0"，这被称为 TTL 信号系统。这是计算机处理器控制的设备内部各部分之间通信的标准技术。

RS – 232C 是用正负电压来表示逻辑状态的，与 TTL 以高低电平表示逻辑状态的规定不同。因此，为了能够同计算机接口或终端的 TTL 器件连接，必须在 RS – 232C 与 TTL 电路之间进行电平和逻辑关系的变换。实现这种变换的方法可以用分立元件，也可以用集成电路芯片。目前，使用较为广泛的是集成电路转换器件，如 MC1488、SN75150 芯片可完成 TTL 电平到 EIA 电平的转换，而 MC1489、SN75154 可实现 EIA 电平到 TTL 电平的转换，MAX232 芯片可完成 TTL 和 EIA 双向电平转换。

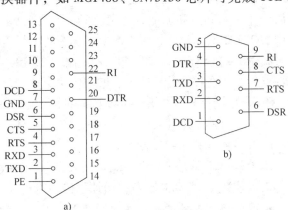

**2. 连接器的机械特性**

（1）连接器引脚的说明。由于 RS – 232C 并未定义连接器的物理特性，因此出现了 DB—25、DB—15 和 DB—9 各种类型的连接器，其引脚的定义也各不相同。DB—25 型和 DB—9 型连接器的外形及信号线分配如图 7-3 所示。

DB—9 型 RS – 232C 连接器引脚见表 7-1。

图 7-3　DB—25 型和 DB—9 型连接器的外形及信号线分配

a）DB—25 型　b）DB—9 型

**表 7-1　DB—9 型 RS – 232C 连接器引脚**

| 引脚 | 名　称 | 说　明 |
|---|---|---|
| 1 | DCD，载波信号检测（Data Carrier Detection） | 通信设备接收到远程载波 |
| 2 | RXD，接收数据（Received Data） | 终端接收串行数据 |
| 3 | TXD，发送数据（Transmitted Data） | 终端发送串行数据 |
| 4 | DTR，数据终端就绪（Data Terminal Ready） | 终端准备就绪，可以接收 |
| 5 | GND，信号地（Signal GND） | 信号地 |

（续）

| 引脚 | 名　称 | 说　明 |
|---|---|---|
| 6 | DSR，数据设备就绪（Data Set Ready） | 通信设备就绪，可以接收 |
| 7 | RTS，请求发送（Request To Send） | 终端请求通信设备切换到发送状态 |
| 8 | CTS，清除发送（Clear To Send） | 通信设备已切换到准备接收 |
| 9 | RI，振铃指示（Ring Indicator） | 通信设备通知终端，通信线路接通 |

DB—25 型连接器定义了 25 根信号线，分为以下 4 组：

1）异步通信的 9 个电压信号（含信号地 GND）：2，3，4，5，6，7，8，20，22。

2）9 个 20mA 电流环信号：12，13，14，15，16，17，19，23，24。

3）6 个空：9，10，11，18，21，25。

4）1 个保护地（PE），作为设备接地端：1。

DB—25 型 RS-232C 连接器引脚见表 7-2。

**表 7-2　DB—25 型 RS-232C 连接器引脚**

| 引脚 | 名　称 | 引脚 | 名　称 |
|---|---|---|---|
| 1 | 空引脚，不使用 | 14 | 空引脚，不使用 |
| 2 | TXD，发送数据 | 15 | 空引脚，不使用 |
| 3 | RXD，接收数据 | 16 | 空引脚，不使用 |
| 4 | RTS，请求发送 | 17 | 空引脚，不使用 |
| 5 | CTS，清除发送 | 18 | 数据接收（+） |
| 6 | DSR，数据设备就绪 | 19 | 空引脚，不使用 |
| 7 | GND，信号地 | 20 | DTR，数据终端就绪 |
| 8 | DCD，载波信号检测 | 21 | 空引脚，不使用 |
| 9 | 发送返回（+） | 22 | RI，振铃指示 |
| 10 | 空引脚，不使用 | 23 | 空引脚，不使用 |
| 11 | 数据发送（-） | 24 | 空引脚，不使用 |
| 12 | 空引脚，不使用 | 25 | 接收返回（-） |
| 13 | 空引脚，不使用 | | |

注意：20mA 电流环信号仅 IBM PC 和 IBM PC/XT 机提供，至 AT 机及以后，已不支持。

（2）电缆长度。在通信速率低于 20kbit/s 时，RS-232C 所直接连接的最大物理距离为 15m。RS-232C 标准规定，若不使用 MODEM，在码元畸变小于 4% 的情况下，DTE 和 DCE 之间最大传输距离为 15m。可见，这个最大的距离是在码元畸变小于 4% 的前提下给出的。为了保证码元畸变小于 4% 的要求，接口标准在电气特性中规定，驱动器的负载电容应小于 2500pF。

（3）RS-232C 的接口信号。RS-232C 规定标准接口有 25 条线，其中有 4 条数据线，11 条控制线，3 条定时线，7 条备用和未定义线。常用的只有 9 根，它们是：

1）联络控制信号线（DSR、DTR、RTS、CTS、RLSD）。

① DSR：数据设备就绪，有效时（ON）的状态表明 MODEM 可以使用。

② DTR：数据终端就绪，有效时（ON）的状态表明数据终端可以使用。

注意：DSR 和 DTR 这两个信号连到电源上时，一上电就立即有效。这两个设备状态信号有效，只表示设备本身可用，并不说明通信链路可以开始通信了，能否开始通信，要由下面的控制信号决定。

③ RTS：请求发送，用来表示 DTE 请求 DCE 发送数据，即当终端要发送数据时，使该信号有效（ON 状态），向 MODEM 请求发送。它用来控制 MODEM 是否要进入发送状态。

④ CTS：清除发送，用来表示 DCE 已准备好接收 DTE 发来的数据，是对请求发送信号 RTS 的响应信号。当 MODEM 已准备好接收终端传来的数据并向前发送时，使该信号有效，通知终端开始沿发送数据线 TXD 发送数据。

注意：RTS/CTS 请求应答联络信号用于半双工 MODEM 系统中发送方式和接收方式之间的切换。在全双工系统中，因配置双向通道，故不需要 RTS/CTS 联络信号使其变高。

⑤ RLSD（Received Line Signal Detection）：接收线信号检出，用来表示 DCE 已接通通信链路，告知 DTE 准备接收数据。当本地的 MODEM 收到由通信链路另一端（远地）的 MODEM 送来的载波信号时，使 RLSD 信号有效，通知终端准备接收，并且由 MODEM 将接收下来的载波信号解调成数字数据后，沿接收数据线 RXD 送到终端。此线也称为数据载波检出（Data Carrier detection，简称为 DCD）线。

2）数据发送与接收线（TXD、RXD）。

① TXD：发送数据，通过 TXD 终端将串行数据发送到 MODEM，从 DTE 到 DCE。

② RXD：接收数据，通过 RXD 线终端接收从 MODEM 发来的串行数据，从 DCE 到 DTE。

3）地线（GND、PE）：有两根线 GND、PE，分别为信号地和保护地信号线，无方向。

上述控制信号线何时有效、何时无效的顺序表示了接口信号的传送过程。例如，只有当 DSR 和 DTR 都处于有效（ON）状态时，才能在 DTE 和 DCE 之间进行传送操作。若 DTE 要发送数据，则预先将 DTR 线置成有效（ON）状态，等 CTS 线上收到有效（ON）状态的回答后，才能在 TXD 线上发送串行数据。这种顺序的规定对半双工的通信线路特别有用，因为只有半双工的通信才能确定 DCE 已由接收方向改为发送方向，这时线路才能开始发送。

（4）MAX232 与 PC 连接。在图 7-4 中，DTE 信号为 RS–232C 信号。

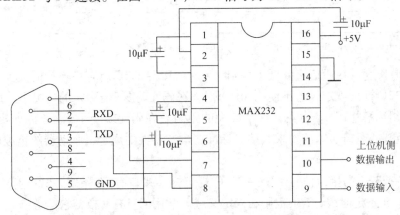

图 7-4　DTE 与计算机间的电平转换电路

### 7.2.3　串行通信线路的应用

**1. 远距离通信**　采用 MODEM（DCE）和电话网通信时的信号进行连接。若在双方 MODEM 之间采用普通电话交换线进行通信，除了需要 2 ~ 8 号信号线外还要增加 RI（22 号）和 DTR（20 号）两条信号线进行联络，如图 7-5 所示。

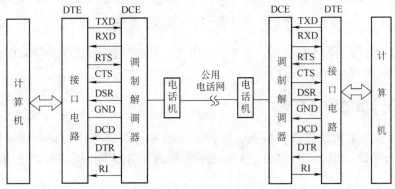

图 7-5　采用 MODEM 进行远距离连接

DSR、DTR 分别为数据传输设备（DCE）准备好和数据终端（DTE）准备好，只表示设备本身可用。

首先，通过电话机拨号呼叫对方，电话交换台向对方发出拨号呼叫信号，当对方 DCE 收到该信号后，使 RI（振铃信号）有效，通知 DTE 已被呼叫。当对方"摘机"后，两方建立了通信链路。

若计算机要发送数据至对方，首先通过接口电路（DTE）发出 RTS（请求发送）信号。此时，若 DCE（MODEM）允许传送，则向 DTE 回答 CTS（允许发送）信号。一般可直接将 RTS/CTS 接高电平，即只要通信链路已建立，就可传送信号。RTS/CTS 只用于半双工系统中作发送方式和接收方式的切换。当 DTE 获得 CTS 信号后，通过 TXD 线向 DCE 发出串行信号，DCE（MODEM）将这些数字信号调制成模拟信号（又称为载波信号）传向对方。

计算机向 DTE"数据输出寄存器"传送新的数据前，应检查 MODEM 的状态和数据输出寄存器为空。当对方的 DCE 收到载波信号后，向对方的 DTE 发出 DCD（数据载波检出）信号，通知其 DTE 准备接收，同时，将载波信号解调为数据信号，从 RXD 线上送给 DTE。DTE 通过串行接收移位寄存器对接收到的位流进行移位，当收到 1 个字符的全部位流后，把该字符的数据位送到数据输入寄存器，CPU 可以从数据输入寄存器读取字符。

**2. 近距离通信**　当通信距离较近时，可不需要 MODEM，通信双方可以直接连接，在这种情况下，只需要使用少数几根信号线。最简单的情况是在通信中根本不需要 RS – 232C 的控制联络信号，只需 3 根线（发送线、接收线、信号地线）便可实现全双工异步串行通信，如图 7-6 所示。

无 MODEM 时，最大通信距离的计算方式为：RS – 232C 标准规定，当误码率小于 4% 时，要求导线的电容值应小于 2500pF，而对于普通导线，其电容值约为 170pF/m，则允许距离

$$L = \frac{2500\text{pF}}{170\text{pF/m}} = 14.7\text{m}$$

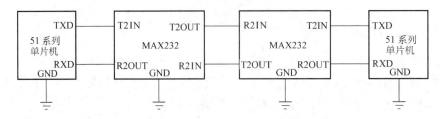

图7-6　双绞线 RS - 232C 电平传输图

这一距离的计算是偏于保守的，在实际应用中，当使用传输速率为 9600bit/s 的普通双绞屏蔽线时，距离可达 30 ~ 35m。

## 7.2.4　串口通信的连接方式

**1. 串口通信基本接线方法**　目前，较为常用的串行接口有 9 引脚串行接口（DB—9）和 25 引脚串行接口（DB—25）。表 7-3 列出了常用的 9 引脚串行接口和 25 引脚串行接口针号的功能说明。

表7-3　常用的 9 引脚串行接口和 25 引脚串行接口针号的功能说明

| 9 引脚串行接口（DB—9） | | | 25 引脚串行接口（DB—25） | | |
|---|---|---|---|---|---|
| 引脚 | 功能说明 | 缩写 | 引脚 | 功能说明 | 缩写 |
| 1 | 载波信号检测 | DCD | 8 | 载波信号检测 | DCD |
| 2 | 接收数据 | RXD | 3 | 接收数据 | RXD |
| 3 | 发送数据 | TXD | 2 | 发送数据 | TXD |
| 4 | 数据终端就绪 | DTR | 20 | 数据终端就绪 | DTR |
| 5 | 信号地 | GND | 7 | 信号地 | GND |
| 6 | 数据设备就绪 | DSR | 6 | 数据设备就绪 | DSR |
| 7 | 请求发送 | RTS | 4 | 请求发送 | RTS |
| 8 | 清除发送 | CTS | 5 | 清除发送 | CTS |
| 9 | 振铃指示 | RI | 22 | 振铃指示 | RI |

**2. RS - 232C 串行接口通信接线方法**（三线制）　当通信距离较近时（小于 12m），可以用电缆线直接连接标准 RS - 232C 端口（RS - 422，RS - 485 较远），若距离较远，需附加调制解调器（MODEM）。

最为简单且常用的是三线制接法，即信号地、接收数据和发送数据三脚相连。本文只涉及最为基本的接法，且直接用 RS - 232C 相连。

首先，只要串行接口传输数据有接收数据，引脚和发送引脚就能实现同一个串行接口的接收引脚和发送引脚直接用线相连，以及两个串行接口相连或一个串行接口和多个串行接口相连。

（1）同一个串行接口的接收引脚和发送引脚直接用线相连，对于 9 引脚串行接口和 25 引脚串行接口，均是 2 与 3 直接相连。

（2）两个不同串行接口（不论是同一台计算机的两个串行接口或分别是不同计算机的串行接口）在连接时要记住一个原则：接收数据引脚（或线）与发送数据引脚（或线）相

连，彼此交叉，信号地对应相接，两串行接口就能正确连接。

**3. 串行接口调试时要注意的事项**

（1）准备一个好用的调试工具，如串行接口调试助手、串行接口精灵等，有事半功倍的效果。

（2）强烈建议不要带电插拔串行接口，插拔时至少有一端是断电的，否则串行接口易损坏。

# 7.3　串行接口的内部结构

51 系列单片机的全双工串行接口主要由发送数据缓冲器、发送控制器 TI、输出控制门、接收控制器 RI、输入移位寄存器、接收数据缓冲器、串行控制寄存器等组成，如图 7-7 所示。

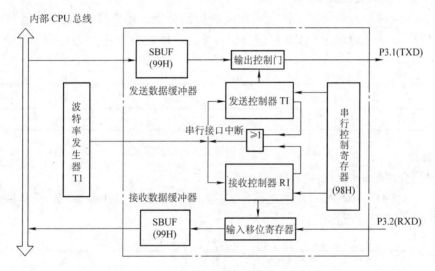

图 7-7　51 系列单片机串行接口内部结构

从图 7-7 可以看出，串行接口内部包含有两个相互独立的发送、接收数据缓冲器，可以在同一时刻进行数据的发送和接收。发送数据缓冲器只能写入而不能读出数据，而接收数据缓冲器则只能读出而不能写入数据，因此，两个缓冲器可以共用一个符号 SBUF，占用同一个地址 99H。在 51 系列单片机的指令系统中，一般通过不同的读缓冲器指令和写缓冲器指令来决定对哪一个缓冲器进行操作。SBUF 只能与 A 实现数据传送，例如：

MOV　A，SBUF；读缓冲器，对接收数据缓冲器进行操作，将数据缓冲器中的数据送
　　　　　　　给累加器 A

MOV　SBUF，A；写缓冲器，对发送数据缓冲器进行操作，将累加器 A 中的数据写入
　　　　　　　发送数据缓冲器

51 系列单片机的串行接口主要完成串行数据的接收和发送工作。在发送串行数据的时候，由 CPU 执行"MOV　SBUF，A"指令，把数据写入发送数据缓冲器，则串行接口电路便自动启动，一位一位地向外传送数据。在接收串行数据的时候，接收端一位一位地接收数据，直到把一组串行数据接收完毕，送入缓冲器，然后自动通知 CPU，CPU 执行"MOV

A，SBUF"指令，便可以把接收数据缓冲器的数据读入。在整个串行数据的发送和接收过程中，CPU占用的时间较少，便于进行其他操作。

51系列单片机是通过特殊功能寄存器的设置、检测和读取来管理串行通信接口的。51系列单片机的串行接口有两个特殊功能寄存器SCON和PCON。SCON用于存放串行接口的控制和状态信息，PCON用于改变串行接口的波特率。51系列单片机的波特率发生器可以由定时器T1或者T2来构成。

## 7.4 串行接口功能控制

51系列单片机设置有两个控制寄存器，即串行接口控制寄存器SCON和波特率选择特殊功能寄存器PCON，下面分别介绍这两个寄存器。

### 1. 串行接口控制寄存器SCON

SCON用于选择串行通信的工作方式和某些控制功能，包括接收/发送控制及设置状态标志等。SCON的字节地址为98H，可进行位寻址，位地址为98H~9FH。SCON的格式及各位的定义如图7-8所示。

|  | D7 | D6 | D5 | D4 | D3 | D2 | D1 | D0 |  |
|------|-----|-----|-----|-----|-----|-----|----|----|-----|
| SCON | SM0 | SM1 | SM2 | REN | TD8 | RB8 | TI | RI | 98H |
| 位地址 | 9FH | 9EH | 9DH | 9CH | 9BH | 9AH | 99H | 98H |  |

图7-8　SCON的格式及各位的定义

下面分别介绍每一位的用途：

（1）SM0、SM1：串行接口4种工作方式选择位。SM0和SM1是串行通信接口工作方式选择位，根据不同的组合共有4种工作方式，见表7-4。

表7-4　串行接口的4种工作方式

| SM0 | SM1 | 工作方式 | 功能说明 |
|-----|-----|------|------|
| 0 | 0 | 0 | 同步移位寄存器方式 |
| 0 | 1 | 1 | 8位异步收发，波特率可变 |
| 1 | 0 | 2 | 9位异步收发，波特率为$f_{osc}/64$或$f_{osc}/32$ |
| 1 | 1 | 3 | 9位异步收发，波特率可变（有定时器控制） |

注：$f_{osc}$为单片机系统的主振频率。

（2）SM2：多机通信控制位。因为多机通信是在工作方式2和工作方式3下进行的，因此，SM2位主要用于工作方式2或工作方式3中。当串行接口以工作方式2或工作方式3接收数据时，如果SM2=1，则只有当接收到的第9位数据（RB8）为"0"时才将接收到的前8位数据丢弃；如果SM2=0，则无论第9位数据是"1"还是"0"，都将前8位数据送入SBUF中，并且RI置"1"，产生中断请求。

在工作方式1时，如果SM2=1，则只有收到有效的停止位时才会激活RI。在工作方式0时，SM2必须为0。

（3）REN：允许串行接收位。由软件置"1"或清零。REN=1，允许串行接口接收数据。REN=0，禁止串行接口接收数据。

（4）TB8：发送的第 9 位数据。在工作方式 2 和工作方式 3 时，TB8 要发送的是第 9 位数据。其值由软件置"1"或清零。在双机通信时，TB8 一般作为奇偶校验位使用。在多机通信中，TB8 用来表示主机发送的是地址帧还是数据帧：TB8 = 1 为地址帧，TB8 = 0 为数据帧。

（5）RB8：接收的第 9 位数据。在工作方式 2 和工作方式 3 时，RB8 存放接收到的第 9 位数据。在工作方式 1 时，如果 SM2 = 0，RB8 接收停止位；在方式 0 时，不使用 RB8。

（6）TI：发送中断标志位。串行接口工作在方式 0 时，串行发送第 8 位数据结束时由硬件置"1"。TI = 1，表示 1 帧数据发送结束，可供软件查询，也可申请中断。CPU 响应中断后，在中断服务程序中向 SBUF 写入要发送的下一帧数据。TI 必须由软件清零。

（7）RI：接收中断标志位。串行接口工作在方式 0 时，接收完第 8 位数据时，RI 由硬件置"1"。在其他工作方式中，串行接口接收到停止位时，该位置"1"。RI = 1，表示 1 帧数据接收完毕，并申请中断，要求 CPU 从接收数据缓冲器 SBUF 取走数据。该位的状态也可供软件查询。RI 必须由软件清零。SCON 的所有位都可进行位操作清零或置"1"。

**2. 波特率选择特殊功能寄存器 PCON**

PCON 也称为电源控制寄存器，字节地址为 87H，不能进行位寻址。PCON 的格式如图 7-9 所示。

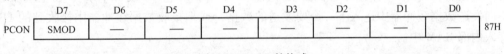

图 7-9　PCON 的格式

SMOD 为波特率选择位。当 SMOD = 1 时，要比 SMOD = 0 时的波特率加倍，所以 SMOD 位也称为波特率倍增位。

# 7.5　串行接口的工作方式

串行接口的 4 种工作方式由串行接口控制寄存器 SCON 中的 SM0、SM1 位定义。

## 7.5.1　串行接口的工作方式 0

串行接口的工作方式 0 为同步移位寄存器输入/输出方式，常用于串行接口外接串行输入并行输出移位寄存器，以扩展并行 I/O 接口。在这种方式下，TXD 引脚都用于发送同步移位脉冲，而 8 位串行数据是通过 RXD 引脚来输入或输出的。

工作方式 0 以 8 位数据为 1 帧，不设起始位和停止位，先发送或接收最低位。波特率是固定的，为 $f_{osc}/12$。工作方式 0 的帧格式如图 7-10 所示。

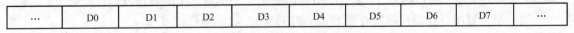

图 7-10　工作方式 0 的帧格式

**1. 工作方式 0 发送**　首先，置串行接口控制寄存器 SCON 的 TI = 0，启动串行接口发送，执行写发送缓冲器指令，例如：

MOV　SBUF, A

在发送过程中，当 CPU 执行一条将数据写入发送数据缓冲器 SBUF 的指令时，产生一个正脉冲，串行接口即开始把 SBUF 中的 8 位数据以 $f_{osc}/12$ 的固定波特率从 RXD 引脚串行输出，并且低位在先，TXD 引脚输出同步移位脉冲，发送完 8 位数据后中断标志位 TI 置"1"，请求中断，表示发送数据缓冲器已空。TI 不会自动清零，当要发送下一组数据时，必须在软件中置 TI = 0，然后才能发送下一组数据。

**2. 工作方式 0 接收**　工作方式 0 接收时，REN 为串行接口允许接收控制位：REN = 0，禁止接收；REN = 1，允许接收。当 CPU 向串行接口控制寄存器 SCON 写入控制字（置为工作方式 0，REN 位置"1"，同时 RI = 0）时，产生一个正脉冲，串行接口即开始接收数据。引脚 RXD 为数据输入端，TXD 为移位脉冲信号输出端，接收器也以 $f_{osc}/12$ 的固定波特率采样 RXD 引脚的数据信息。当接收器接收到 8 位数据时，中断标志位 RI 置"1"，表示 1 帧数据接收完毕，可进行下一帧数据的接收。数据可以由 CPU 用指令读取，例如：

　　　　MOV　A，SBUF

RI 不会自动清零，当需要接收下一组数据的时候，必须在软件中置 RI = 0，然后才可以接收下一组数据。

在工作方式 0 下，SCON 中的 TB8、RB8 位没有用到，一般置"0"即可。发送或接收完 8 位数据后，TI 或 RI 中断标志位由硬件置"1"，CPU 响应 TI 或 RI 中断，在中断服务程序中向发送数据缓冲器中送下一个要发送的数据，或把接收数据缓冲器中接收到的 1B 数据存入内部 RAM 中。

## 7.5.2　串行接口的工作方式 1

工作方式 1 真正用于数据的串行发送和接收。TXD 脚和 RXD 脚分别用于发送和接收数据。工作方式 1 收发 1 帧的数据为 10 位，即 1 个起始位（0）、8 个数据位、1 个停止位（1），并且先发送或接收最低位。工作方式 1 的帧格式如图 7-11 所示。

| 起始位 | D0 | D1 | D2 | D3 | D4 | D5 | D6 | D7 | 停止位 |
|--------|----|----|----|----|----|----|----|----|--------|

图 7-11　工作方式 1 的帧格式

在工作方式 1 时，串行接口为波特率可变的 8 位异步通信接口。工作方式 1 的波特率为

$$波特率 = \frac{2^{SMOD}}{32} \times 定时器\ T1\ 的溢出率 \qquad (7-1)$$

式中　SMOD——PCON 寄存器最高位的值（0 或 1）。

**1. 工作方式 1 的发送**　串行异步通信方式的双方不需要时钟同步，发送方和接收方都有自己的移位脉冲。工作方式 1 发送时的发送移位脉冲由 T1 的溢出信号和波特率的倍增位 SMOD 来共同决定，可以随着 T1 初值的不同而变化。工作方式 1 的数据发送过程如下：

第一步：置串行接口控制寄存器 SCON 的 TI = 0，启动串口发送。

第二步：执行写发送数据缓冲器 SBUF 指令，例如：

　　　　MOV　SBUF，A

第三步：硬件自动发送起始位，起始位为逻辑低电平。

第四步：发送 8 位数据，低位首先发送，高位最后发送。

第五步：硬件自动发送停止位，停止位为逻辑高电平。

在发送移位脉冲的作用下，数据帧依次从 TXD 引脚发出。在 1 帧信息发送完毕后，自动维持 TXD 引脚为高电平。在 8 位串行数据发送完毕后，也就是在插入停止位的时候，使 TI 置 "1"，用以通知 CPU 可以发送下一帧的数据。

**2. 工作方式 1 的接收**　工作方式 1 接收数据中的定时信号可以有两种，即接收数据的移位脉冲和接收字符的检测脉冲。

（1）接收数据的移位脉冲：工作方式 1 接收数据时的移位脉冲由 T1 的溢出信号和波特率倍增位 SMOD 来共同决定，即由 T1 的溢出信号经过 16 或 32 分频得到。

（2）接收字符的检测脉冲：其频率是接收数据的移位脉冲的 16 倍。在接收一位数据的时候，有 16 个检测脉冲，以其中的第 7、8、9 这 3 个脉冲作为真正接收信号的采样脉冲。对三次采样结果采取 "三中取二" 的原则来确定所检测到的值。这种采样机制是为了抑制干扰，因为采样的信号总是在接收位的中间位置，这样便可以避免信号两端的边沿失真，也可以防止由于收发时钟频率不完全一致而带来的错误接收。

工作方式 1 的数据接收过程如下：

第一步：首先置串行接口控制寄存器 SCON 的 REN = 1，启动串行口串行数据接收，引脚 RXD 便进行串行接口的采样。

第二步：在数据传递时，RXD 引脚的状态为 1，当检测到从 1 到 0 的跳变时，确认数据起始为 0。

第三步：开始接收 1 帧的串行数据，在接收数据的移位脉冲的控制下，将接收到的数据一位一位地送入移位寄存器，直至 9 位数据完全接收完毕，其中最后一位为停止位。

第四步：当 RI = 0，并且接收到的停止位为 1 时，或者 SM2 = 0 时，8 位数据送入接收数据缓冲器中，停止位送入 RB8 中，同时置 RI = 1；否则，8 位数据不装入接收数据缓冲器，放弃当前接收到的数据。

第五步：当数据送入接收数据缓冲器之后，便可执行读 SBUF 指令来读取数据，例如：

　　　MOV　A, SBUF

注意：在工作方式 1 接收时，应先用软件清标志位 RI 或 SM2。

## 7.5.3　串行接口的工作方式 2

工作方式 2 为串行异步通信方式，其波特率是固定的，有两种选择，即 $f_{osc}/32$ 或者 $f_{osc}/64$。在工作方式 2 中，引脚 TXD 为数据发送端，引脚 RXD 为数据接收端。1 帧的数据由 11 位构成，按照顺序分别为起始位 1 位、串行数据 8 位（低位在前）、可编程序位 1 位、停止位 1 位。工作方式 2 的帧格式如图 7-12 所示。

| 起始位 | D0 | D1 | D2 | D3 | D4 | D5 | D6 | D7 | 0/1 | 停止位 |
| --- | --- | --- | --- | --- | --- | --- | --- | --- | --- | --- |

图 7-12　工作方式 2 的帧格式

**1. 工作方式 2 的发送**　工作方式 2 的发送共有 9 位有效数据，在启动发送之前，需要将发送的第 9 位，即可编程序位的数值送入串行接口控制寄存器 SCON 中的 TB8 位。这个编程标志位可以由用户自己定义，硬件不作任何规定。例如，用户可以将这一位定义为奇偶校验位或地址/数据标志位。

工作方式 2 的数据发送过程如下:

第一步:置串行接口控制寄存器 SCON 的 TI = 0,启动串行口发送,并装入 TB8 的值。

第二步:执行写发送数据缓冲器 SBUF 指令,例如:

　　MOV　SBUF, A

第三步:硬件自动发送起始位,起始位为逻辑低电平。

第四步:发送 8 位数据,低位首先发送,高位最后发送。

第五步:发送第 9 位数据,即 TB8 中的数值。

第六步:硬件自动发送停止位,停止位为逻辑高电平,同时置 TI = 1,发送完毕。

**2. 工作方式 2 的接收**　工作方式 2 的串行数据接收过程和工作方式 1 基本一致,只不过工作方式 1 的第 9 位为停止位,工作方式 2 为发送的可编程序位。接收数据的过程如下:

第一步:首先置串行接口控制寄存器 SCON 的 REN = 1,启动串行接口串行数据接收,引脚 RXD 便进行串行接口的采样。

第二步:在数据传递时,RXD 引脚的状态为 1,当检测到从 1 到 0 的跳变时,确认数据起始为 0。

第三步:开始接收 1 帧的串行数据,在接收移位脉冲的控制下,将接收到的数据一位一位地送入移位寄存器,直至 9 位数据完全接收完毕,其中最后一位为发送的 TB8。

第四步:当 RI = 0,且 SM2 = 0 时,或接收到的第 9 位数据为 1 时,8 位数据送入接收数据缓冲器中,第 9 位数据送入 RB8 中,同时置 RI = 1;否则,8 位数据不装入接收数据缓冲器,放弃当前接收到的数据。

第五步:当数据送入接收数据缓冲器之后,便可执行读 SBUF 指令来读取数据,例如:

　　MOV　A, SBUF

接收数据真正有效的条件只有两个:第一个条件是 RI = 0,表示接收数据缓冲器已空,即 CPU 已把接收数据缓冲器中上次收到的数据读走,并且可以再次写入;第二个条件是 SM = 0 或者收到的第 9 位数据为 1,根据 SM2 的状态和接收到的第 9 位数据状态来决定接收数据是否有效。

在单机通信中,第 9 位一般作为奇偶校验位,应令 SM2 = 0,以保证可靠地接收数据。在多机通信时,第 9 位数据一般作为地址/数据标志位。令 SM2 = 1,当第 9 位为 1 时,接收的信息为地址帧,串行接口将接收该组信息。

### 7.5.4　串行接口的工作方式 3

工作方式 3 和工作方式 2 的工作方式是一样的,不同的是,工作方式 3 的波特率由 T1 的溢出率和波特率倍增位 SMOD 共同决定,而工作方式 2 仅有两个固定的波特率可选。

## 7.6　串行接口的波特率

在单片机的串行通信中,通信的双方需要有共同的通信速率,即波特率要一致。51 系列单片机的串行接口有 4 种工作方式,对应有 3 种波特率。其中,工作方式 0 和工作方式 2 的波特率是固定的,而工作方式 1 和工作方式 3 的波特率是可变的,一般由 T1 或 T2 的溢出率来决定。下面分别介绍各种方式下波特率的计算方法。

**1. 工作方式 0 的波特率**　在工作方式 0 下，单片机的每个机器周期产生一个移位时钟，对应着一位数据的发送和接收。因此，在这种工作方式下，波特率固定为单片机振荡频率的 1/12。工作方式 0 的波特率计算公式为

$$波特率 = \frac{f_{osc}}{12} \tag{7-2}$$

在工作方式 0 下，波特率不受波特率倍增位 SMOD 的影响。例如，对于 12MHz 的外部晶体振荡频率，工作方式 0 可以获得 1Mbit/s 的波特率。

**2. 工作方式 2 的波特率**

在工作方式 2 下，波特率由单片机的振荡频率 $f_{osc}$ 和 PCON 的波特率倍增位 SMOD 共同决定。工作方式 2 的波特率计算公式为

$$波特率 = \frac{2^{SMOD}}{64} f_{osc} \tag{7-3}$$

从式（7-3）可以看出，当 SMOD = 0 时，波特率为 $f_{osc}/64$；当 SMOD = 1 时，波特率为 $f_{osc}/32$。

寄存器 PCON 中的 SMOD 位可以通过下列指令来设置：

MOV　PCON，#00H；设置 SMOD 为 0

MOV　PCON，#80H；设置 SMOD 为 1

**3. 工作方式 1 和工作方式 3 的波特率**　工作方式 1 和工作方式 3 的串行移位时钟脉冲由 T1 的溢出率来决定，因此，波特率由 T1 的溢出率和 SMOD 来共同决定。工作方式 1 和工作方式 3 的波特率计算公式为

$$波特率 = \frac{2^{SMOD}}{32} \times T1 \text{ 溢出率}$$

工作方式 1 和工作方式 3 的波特率需要对 T1 进行工作方式设定，以便得到需要的波特率发生器。最常用的是使 T1 工作于方式 2，这是初值自动加载的定时方式。如果计数器的初始值为 $X$，则每过 $256 - X$ 个机器周期的时候，T1 便将产生一次溢出，溢出的周期为

$$\frac{12 \times (256 - X)}{f_{osc}} \tag{7-4}$$

单片机 T1 的溢出率是溢出周期的倒数，即

$$\frac{f_{osc}}{12 \times (256 - X)} \tag{7-5}$$

由式（7-3）和式（7-5）可得

$$波特率 = \frac{2^{SMOD}}{32} \times \frac{f_{osc}}{12 \times (256 - X)} \tag{7-6}$$

从式（7-6）可以看出，T1 工作在方式 2 下的初始值为

$$X = 256 - \frac{2^{SMOD} f_{osc}}{384 \times 波特率} \tag{7-7}$$

在工作方式 1 和工作方式 3 下，如果采用 T1 的工作模式 2 作为波特率发生器时，常用波特率的参数和初始值见表 7-5。

表7-5　工作方式1和工作方式3下常用波特率的参数和初始值

| $f_{osc}$/MHz | 波特率/(bit/s) | SMOD | T1 工作方式 | 初始值 |
| --- | --- | --- | --- | --- |
| 6 | 110 | 0 | 2 | 72H |
| 12 | 110 | 0 | 2 | FEEBH |
| 11.986 | 137.5 | 0 | 2 | 1DH |
| 11.0592 | 1200 | 0 | 2 | E8H |
| 11.0592 | 2400 | 0 | 2 | F4H |
| 11.0592 | 4800 | 0 | 2 | FAH |
| 11.0592 | 9600 | 0 | 2 | FDH |
| 11.0592 | 19200 | 0 | 2 | FDH |
| 12 | 62500 | 1 | 2 | FFH |

## 7.7　单片机串行接口的应用

51 系列单片机的串行接口都是异步通信方式，可以完成双机串行通信、多机串行通信以及扩展单片机 I/O 接口等操作。

**1. 双机通信**

（1）查询方式。双机通信是利用单片机的串行接口，实现单片机与单片机、单片机与计算机之间的点对点的异步串行通信。单片机与单片机之间的异步串行通信，由于接口完全一致，只要将两个单片机的发送和接收引脚交叉相接即可。发送端单片机的 TXD 与接收端单片机的 RXD 相连，同理，发送端单片机的 RXD 与接收端单片机的 TXD 相连，如图 7-13 所示。

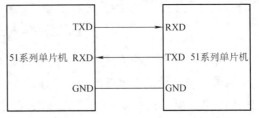

（2）中断方式。在 PC 与单片机之间进行串行通信时，PC 与单片机之间要相互发送通

图7-13　单片机之间的双机通信

信信息，单片机常常要等待 PC 传送的命令，这样可能会把大量的时间浪费在 PC 与单片机之间的通信过程中，妨碍了单片机其他功能的实现。而采用中断方式接收串行数据时，可以提高 CPU 的工作效率。

**2. 串行接口的多机通信**

（1）多机通信的连接方式。51 系列单片机串行接口的工作方式 2 和工作方式 3 具有多机通信功能，可实现一台主单片机和多台从单片机构成总线式的多机分布式系统，其连接方式如图 7-14 所示。

（2）多机通信原理。多机通信时，用到单片机内的多机通信控制位 SM2。当从机 SM2 = 1 时，从机只接收主机发出的地址帧（第 9 位为 1），对数据帧（第 9 位为 0）不予接收；而当 SM2 = 0 时，可以接收从机发送的所有信息。多机通信的过程为：

1）通信开始时，所有从机的 SM2 置 "1"，都处于只接收地址帧的状态。

2）主机发送 1 帧地址信息，其中 8 位为地址，第 9 位为 1，表示的是地址帧，刚好从

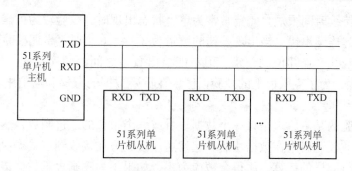

图 7-14　51 系列单片机多机通信的连接方式

机只能接收地址帧。如果主机此时发送数据帧，从机不予理睬。

3）从机接收到地址帧后进行中断处理，把接收到的地址与自身的地址相比较，这时，地址相符的从机置 SM2 = 0，而地址不相符的从机仍维持 SM2 = 1。

4）由于地址相符的从机 SM2 = 0，可以接收主机以后发送的信息，实现主机与被寻从机的双机通信。

5）被寻从机与主机通信完毕后，置 SM2 = 1，恢复多机系统的原有状态。

（3）通信协议。多机通信时，通信双方必须有通信协议来保证多机通信的可操作性和操作秩序，这些通信协议至少应包括从机的地址、主机的控制命令、从机的状态字格式和数据通信格式等约定。

## 7.8　数据通信中的校验与纠错

在数据的通信中，一次要传送很多数据，那么如何保证数据传送的正确性就显得十分重要。因此，在数据的传送过程中，常伴有数据的校验。通常，单片机在数据通信中的校验方法为奇偶校验、累加和校验及循环冗余校验 CRC（Cyclic Redundancy Check）。

**1. 奇偶校验**　在 51 系列单片机中，提供了奇偶校验的现成条件。当一个数据字节读入累加器 A 中时，该字节奇偶标志位 P 便出现在 PSW（程序状态字）中（PSW.0）。当累加器中 1 的个数为偶数时，P = 1，为奇数时，P = 0。

在 51 系列单片机中，如果通信时用的是 ASCII 码，那么奇偶校验位放到字节的最高位；如果使用工作方式 2 或工作方式 3 的 9 位数据进行通信时，奇偶校验位则为第 9 位。

在发送数据时，当发送一个数据字节时，数据与奇偶位组成 1 帧数据一并发送。当接收方接收到 1 帧数据后，将数据与奇偶位分开，并将数据送入 A 中，然后将 PSW 中的奇偶位与传送过来的奇偶位相比较，不同则表示数据传送出错。

**2. 累加和校验**　如果传送数据块中有 $n$ 个字节，在数据传送之前对这 $n$ 个字节数据进行加运算，形成累加和，把此累加和附在 $n$ 个字节后面传送，接收方接收到 $n$ 个字节后也按同样的方法进行 $n$ 个字节的加运算，并将加的结果和传送过来的累加和进行比较，如果不同则表示数据传送出错。

累加和的"加"运算可以是逻辑加（按位加），采用"异或"操作指令完成，另一种是算术加（按字节加），采用加法指令完成。

**3. 循环冗余校验**（CRC）　奇偶校验和累加和校验虽然使用方便，但校验功能有限。

奇偶校验在干扰持续时间很短，差错常常为单个状态出现时，校验较为可靠。如果干扰持续时间较长，会引起连续出错，当出现差错的数量为2、4、6个时，奇偶校验便不能检出。虽然累加和可以发现几个连续位的差错，但不能检出数字之间的顺序错误（数据交换位置累加和不变）。因此，为了克服以上的校验误区，在重要数据的存储和通信中常采用循环冗余校验（CRC）。

　　循环冗余校验的基本原理是将一个数据块看成一个很长的二进制数，然后用一个特定的数去除它，将余数校验码附在数据块后一起发送。接收方在接收到该数据块和校验码后，对接收到的数据进行同样的运算，所得余数应为零，如果不为零则表示数据传送出错。

# 第2篇 实践篇：煤气控制器数据采集监控系统的应用

# 第8章 单片机应用系统设计概述

安装在楼宇公寓中的煤气表，除了用于常规的显示功能之外，每个表都配备了脉冲输出功能，煤气控制器通过实时采样计数脉冲获得煤气的消耗量。各煤气控制器能够完成煤气的采集、存储、调整、显示、上传和接收数据等，具有煤气报警等功能。煤气控制器的外观如图8-1所示。由于控制器键盘和面板有限，要在尽量小的面积和尽量少的键盘完成更多的人机交互功能，就需要采用模块和层次的方法管理键盘。

煤气控制器主要分为3个模块：

（1）显示功能模块：主要显示煤气表的数值、是否有报警、密码、本机地址、是否设防和撤防等。

（2）读表、求助、密码、设防、撤防等功能键：一旦选择某功能键之后，键盘的所有操作都属于该功能键所代表的功能，例如按定密码键之后，LCD液晶显示屏上提示1查询密码，2修改密码，3确认等，此时就可以进行密码的查询和修改等。

（3）数字键0~9：用来输入功能和数字。

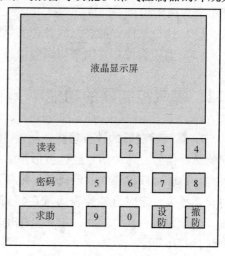

图8-1 煤气控制器的外观

## 8.1 单片机设计概述

单片机应用系统的开发是以单片机为核心，配合一定的外部电路及程序，从而实现特定测量及控制功能。其中，单片机的选型、资源分配及程序设计是整个系统设计的关键。一个完整的单片机应用系统设计包括分析测控系统、单片机选型、硬件资源分配、单片机程序设计、仿真测试，并最终下载到实际硬件电路中执行。单片机的任务是指以单片机为核心，构建硬件部分和软件部分，并配以一定的外围电路和软件，实现某几种功能。硬件是系统的基础，软件则是在硬件的基础上对其进行合理的调配和使用，从而完成应用系统所要完成的任务。

单片机的设计包括硬件设计和软件设计两大部分。

**1. 单片机的硬件设计** 单片机的硬件设计包括两大部分内容：

（1）单片机扩展部分的设计：包括存储器扩展和接口扩展。存储器的扩展是指 EPROM、EEPROM 和 RAM 的扩展。接口扩展是指 8255、8155、8279 以及其他功能器件的扩展。

（2）各功能模块的设计：包括信号测量功能模块、信号控制功能模块、人机对话功能模块、通信功能模块等的设计，根据系统功能要求配置相应的 A/D 转换器、D/A 转换器、键盘、显示器、打印机等外围设备。

在硬件设计时，应注重总体方案，并需要进行详细的技术论证。硬件电路的总体设计，是指绘制为实现该项目全部基本功能所需的所有硬件的电路原理图。在硬件设计系统中，电路的各部分都是紧密相关、互相协调的，任何一部分电路考虑得不充分，都会给整体方案带来难以预料的影响。所以，设计者应在总体方案设计时反复论证、比较，寻求最合理的总体方案。在硬件设计的过程中，要用到 Protel 等印制电路板辅助设计软件，在 Protel 软件中首先画连接原理图，然后再用 Protel 将原理图转换为印制电路板图（即 PCB 图），检查无误后，交给印制电路板生产厂家，在印制电路板生产调试好后，将元器件焊接到印制电路板上就完成了硬件系统的设计。

**2. 单片机系统的软件设计**　单片机系统的软件是根据系统功能要求设计的。软件的功能可分为两大类：

（1）执行软件：能够完成各种实质性的功能，如测量、计算、显示、输出控制等。

（2）监控软件：它用来协调各执行模块和操作者的关系。

# 8.2　煤气控制器的功能

**1. 煤气控制器的抄表功能**　随着用户对煤气的消费，煤气表按照单位计量比例输出相应的脉冲信号。脉冲信号经过波形整形处理为矩形波后作为计数脉冲，煤气控制器通过实时采样计数脉冲获得煤气的消耗量。中央主机可以在任何时候都可以进行抄表，也可以设置定时自动抄表。定时自动抄表通常在每日午夜零时。各煤气公司也可以通过远程通信进行抄表，一般每月一次。同时，中央主机也能够实现煤气表自动计费、煤气表费用拖欠分析、报表统计打印等。

**2. 煤气控制器的报警功能**　报警信号的采集与表数据采集的原理相似，安装在楼宇公寓各防区的警情感应器（探头）在有警情（煤气泄漏）发生时产生输出脉冲，该脉冲经过波形整形处理为矩形波之后经过煤气控制器判断（如报警通道是否启用、是否设防等），如果是报警脉冲，则作为有效报警信号，并经过煤气控制器的处理输出或者上传给中央主机，而中央主机则自动查询楼宇公寓中所有控制器的报警状态，及时对各种报警信号作出响应。

# 8.3　煤气控制器应用系统的总体设计

了解了煤气控制器的主要功能之后，下面对整个设计的总体功能进行总体规划，根据应用系统所要实现的功能，规划出哪些部分应该由硬件实现，哪些部分应该由软件实现。本项目所设计的煤气控制器的功能框图如图 8-2 所示。

### 8.3.1　煤气控制器的硬件设计

**1. 单片机的选型**　在单片机应用系统开发过程中，单片机是整个设计的核心，因此，选择合适的单片机型号就显得非常重要。目前，市场上的单片机种类有很多，不同厂商推出了不同侧重功能的单片机类型。在进行正式的单片机应用系统开发之前，需要了解各种不同单片机的特性，以便从中作出合理的选择。

在单片机选型时，主要注意以下几点：

（1）根据应用系统硬件资源的要求，首先是看单片机的功能是否能够满足设计任务的要求，并在性能指标

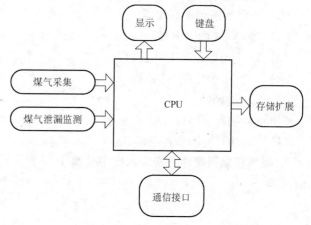

图 8-2　煤气控制器的功能框图

满足的情况下，尽量选择硬件资源集成在单片机内的型号，例如 ADC、DAC、$I^2C$ 及 SPI 等。这样便于整个系统的管理，可以减少外部硬件的投入，缩小印制电路板的面积，从而减少投资。如果外接芯片，会增加 CPU 接口开销以及印制电路板面积的开销，同时，因芯片数量增加，使系统不稳定的因素也会增加。

（2）在条件允许的情况下，尽量选择功能强的单片机，便于以后升级扩展。

（3）尽量选用广泛应用、货源充足的单片机型号，避免使用过时且缺货的型号，这样可以使得硬件投资不会过时。

（4）对于手持设备，尽量选用低电压、低功耗的单片机型号。

（5）对于商业性的产品，尽量选择体积小的封装单片机型号，以减少印制电路板的面积。

根据所需速度不高的特点，选择 51 系列单片机作为 CPU，并且在 51 系列单片机中选择价格便宜、功能能够满足要求的 89C52 型号的单片机。其引脚如图 8-3 所示。

89C52 提供以下标准功能：8KB Flash 闪速存储器，256B 内部 RAM，32 个 I/O 接口，3 个 16 位定时/计数器，1 个 6 向量两级中断结构，1 个全双工串行通信接口，片内振荡器及时钟电路。同时，89C52 可进行降至 0Hz 的静态逻辑操作，并支持两种软件可选的节电工作模式。空闲方式停止 CPU 的工作，但允许 RAM、定时/计数器、串行通信接口及中断系统继续工作。掉电时保存 RAM 中的内容，但振荡器停止工作并禁止其他所有部件工作，直到下一个硬件复位。

主要性能参数：

（1）与 MCS—51 系列产品指令和引脚完全兼容。

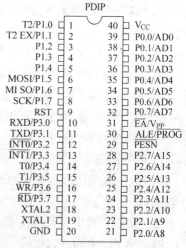

图 8-3　89C52 型单片机的引脚

（2）8KB 可重擦写 Flash 闪速存储器。

（3）1000 次擦写周期。

（4）全静态操作：0Hz～24MHz。

（5）三级加密程序存储器。

（6）256×8B 内部 RAM。

（7）32 个可编程序 I/O 接口。

（8）3 个 16 位定时/计数器。

（9）8 个中断源。

（10）可编程序串行 UART 通道。

（11）低功耗空闲和掉电模式。

**2. 煤气控制器硬件**　安装在楼宇公寓中每个单元的控制器硬件都是一样的，其原理图如图 8-4 所示。

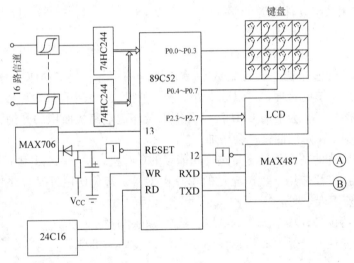

图 8-4　煤气控制器原理图

控制器主要由单片机扩展了两组信号输入、通信接口电路、键盘、LCD 显示器、EEPROM—24C16 等。因将煤气表设计成脉冲表，报警探头为脉冲输出，所以煤气控制器两路输入均是脉冲信号，无须 A/D 转换电路。

（1）为了简化硬件结构，本系统直接对脉冲表和脉冲探测器（探头）脉冲输出信号进行采集，从而避免了在控制器主板上使用 A/D 转换接口。利用 89C52 单片机的 P1 端口作为表脉冲和报警脉冲信号的共同输入通道。表脉冲和报警脉冲信号分别通过斯密特触发器波形整形和 74LS244 缓冲器进入 CPU，这里分别用 P3.4（定时器 T0 的外部输入）和 P3.5（定时器 T1 的外部输入）端口作为报警信号和表脉冲的分时有效使能端，在一定的采样周期内，CPU 轮流查询用户表和报警的输入端口状态，并在进行数据分析处理后将其存到相应的存储区。

（2）采用虚拟串行总线技术，用单片机 I/O 接口扩展了串行接口器件 LCD（液晶显示器）和 8KB EEPROM—24C16，并用 EEPROM—24C16 来存放有关初始化信息、用户表的消耗量和报警状态等信息。LCD 用来显示表数据和有关报警状态以及显示发布的短信息等。所采用的液晶显示模块、内置显示 RAM 和驱动控制器，通过串行方法与单片机 89C52 相连。

（3）通过单片机的 P0 端口串行扩展了简易键盘，实现了人机交互。键盘为 4 × 4 结构，其中有 5 个功能键，分别是读表键、密码键、设防键、撤防键和紧急求助键，还有 10 个数字键 0 ~ 9。使用 P0 端口作为普通的 I/O 使用时，输出是漏极开路电路，故需要外接 5 ~ 10kΩ 上拉电阻才能正常工作。

（4）通过 MAX487 完成电平转换与通信网络连接。

## 8.3.2　煤气控制器的软件设计

一个微处理器能够聪明地执行某种任务，除了其强大的硬件外，还需要支持其运行的软件。其实，微处理器并不聪明，它们只是完全按照人们预先编写的程序执行而已。

MCS—51 系列单片机的程序设计通常分为以下 3 个步骤：

（1）制作程序流程图：对提出的算法找出最合理、最简便的解决方法并制作程序流程图。程序流程图表达了人们利用一定的算法解决问题的思路。流程图有粗略的和详细的两种：粗略的流程图可以给出解决问题的大致步骤，而详细的流程图则给出每一步骤的细节。对于一些大的问题，应先给出粗略的流程图以得出总体概念，然后再制作详细的流程图对每一步骤作具体的描述。

（2）资源的分配：根据算法的要求合理地分配系统的资源，如存储器的分配、输入/输出接口的分配等。在 MCS—51 系列单片机系统中，程序和数据存储器分别编址，而存储器又分为内部和外部存储器，还有位寻址的存储器。因此，资源分配得合理，将会给编制程序带来方便，否则可能会增加麻烦，甚至使程序产生错误。

（3）源程序的编制及调试：源程序的编制就是将流程图表达的算法用程序实现。MCS—51 系列单片机系统的程序可以用编辑器编辑，然后在集成的调试环境中读入，也可以直接在集成的调试环境中输入。集成调试环境包括了程序的调试工具，如单步、断点、全速运行程序，还能实现寄存器检查、存储器内容检查等功能。

**1. 煤气控制器程序分析**　煤气控制器中的程序根据硬件的特点，采用模块化的编写方法，将程序的功能分成几大模块，如初始化模块、煤气泄漏报警模块、读表模块、写入24C16 模块、键盘模块等。在每个功能模块的基础上再分几个子模块。在程序的编写上采用分层的方法处理，由于单片机的特点，主程序较短，主要的处理工作在后面分层展开，并通过子程序的调用一层一层地实现程序的功能，逐步细化、求精，使程序清晰，可读性强，可重用性强，并便于调试扩展。

**2. 煤气控制器开发环境程序**

```
ORG   0000H
LJMP  MAIN
ORG   0023H
LJMP  SSIO
```

**3. 煤气控制器主程序**　煤气控制器的主程序对几个大的功能模块进行处理。煤气控制器主程序流程图如图 8-5 所示。具体程序如下：

```
ORG   0100H
MAIN:LCALL  DELAY100M
```

```
            CLR    WORKLED
            LCALL   MAIN_INIT
            MOV   R5，#10H
MAINLOOP：NOP
            LCALL   ALARMPRO
            LCALL   WATCHPRO
            LCALL   WEEPROM
            LCALL   KEYPRO
            LCALL   DELAY20M
            DJNZ   R5，MAINLOOP
            CPL    WORKLED
            MOV   R5，#10H
            LJMP   MAINLOOP
```

在主模块中，以程序初始化模块为例，给
出了程序初始化程序流程图，如图 8-6 所示。
具体程序如下：

　　；初始化时采用 R0 作为间址，R2 作为循
环计数器

```
MAIN_INIT：NOP
              ；LCD 初始化
              LCALL   LCDINIT1
              LCALL   LCDINIT2
              LCALL   LCDINIT3
              ；P1 端口关
              LCALL   WATCHIN_NE
              LCALL   ALARMIN_NE
              LCALL   DELAY20M
              ；表初始化
              LCALL   WATCH_INIT
              ；报警初始化
              LCALL   ALARM_INIT
              ；取本机地址
              MOV   RDATAADR，#SLAVE
              MOV   RAM_ADR，#SLAVE
              MOV   RDATA_NO，#01H
              LCALL   PR24C16
              LCALL   DELAY10M
              ；键盘初始化
              LCALL   KEY_INIT
```

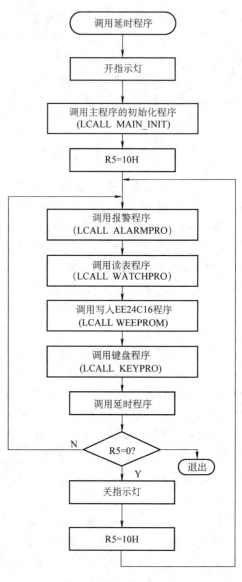

图 8-5　煤气控制器主程序流程图

;工作寄存器初始化

LCALL　OPINIT

;串行接口初始化

LCALL　SSIOINIT

NOP

RET

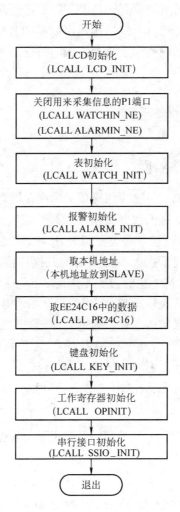

图 8-6 初始化程序流程图

# 第9章 煤气控制器监控网络设计

将各煤气控制器作为监控网络的节点，与 PC 主机组成基于 RS-485 的网络。上位机的程序可以采用 VC++6.0 或 VB 进行开发，用户可以参阅其他介绍 VC 或 VB 等串口程序设计的书籍。本章介绍的煤气控制器监控系统上位机的编程由 VB 实现，这里简要介绍如何组网以及软、硬件如何实现。

## 9.1 煤气控制器监控通信系统

### 9.1.1 煤气控制器串行通信组网

异步串行通信具有通信简单、传输线路简单、速率范围宽、组网灵活等特点。它被广泛应用于监控采集、网络管理、计算机数据交换等领域。煤气控制器监控系统采用的是 RS-485 网络，但是计算机对外的串行接口都是专门为 RS-232 通信而设置的。RS-232 对地而言是共模传输方式，而各种电气干扰大多也是对地共模传输方式。尽管 RS-232 将信号传输电平提高到 -12~12V，但其抗干扰能力仍不理想。RS-485 通信方式与 RS-232 通信方式相比有许多优点。首先，它的通信距离比 RS-232 要远得多，通常可以达到数百米甚至数千米以上，而且可以实现多点通信方式，利用此原理可以建立起一个小范围内的局域网。RS-485 采用差模信号传输方式，与地电平关系不大，因而抗干扰能力比 RS-232 强得多，即便是在信号电压比较小的情况下也能获得稳定的传输。

单片机与 PC 主机 RS-485 通信示意图如图 9-1 所示。

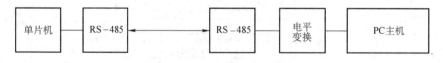

图 9-1 单片机与 PC 主机 RS-485 通信示意图

将各煤气控制器作为监控网络的节点，与 PC 主机组成基于 RS-485 的网络。RS-485 作为一种多点、差分数据传输的电气规范，现已成为业界应用最为广泛的标准通信接口之一。这种通信接口允许在简单的一对双绞线上进行多点、双向通信，它所具有的噪声抑制能力、数据传输速率、电缆长度及可靠性是其他标准无法比拟的。但是，计算机本身不具备专用的 RS-485 通信接口。由于 RS-485 与 RS-232 的工作电平不相同，工作方式与控制机理也有差别，利用现成的串行接口来实现 RS-485 通信时，还需要对硬件与软件进行相应的设计。如果串行接口采用 RS-232/RS-485 转换卡，并在煤气控制器中将 MAX487 与 89C52 单片机串行接口的 TXD（发送）与 RXD（接收）相连，可将 TTL 电压转换成 RS-485 差分电压与 PC 主机 MAX485 接应，从而完成硬件的电平转换功能。由此可见，接口转换器在单片机和 PC 主机之间起桥梁作用，在硬件上是实现通信的关键器件。系统总体结构如图 9-2

所示。

本系统采用 RS－485 接口芯片 MAX487 作为通信接口。MAX487 是 MAXIM 公司生产的用于 RS－485 和 RS－422 通信的差分总线小功率收发器。它含有一个驱动器和一个接收器，具有驱动器/接收器使能功能，输入阻抗为 1/4 负载（大于或等于 48kW），节点数为 128，即每个 MAX487 的驱动器可驱动 128 个标准负载。煤气控制器中 89C52 与 MAX487 的连接如图 9-3 所示。

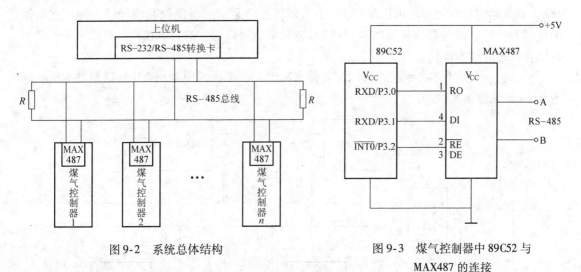

图 9-2　系统总体结构　　　　　　　图 9-3　煤气控制器中 89C52 与
　　　　　　　　　　　　　　　　　　　　　　　MAX487 的连接

在 MAX487 芯片中，RO 脚为数据输出脚，它接收 RS－485 的差模信号 VAB，并将其转换为 TTL 电平由 RO 输出。$\overline{RE}$脚为 RO 的使能端，低电平时选通 RO，使输出有效。DI 脚为数据输入端，它将 TTL 电平的数据转换为差模信号 VAB，并从 VAB 两脚送出去。DE 是 DI 的使能端，高电平时选通 DE，使输出有效。故 A、B 两脚既是 RS－485 信号输入端，又是该信号的输出端，由使能端$\overline{RE}$、DE 的电平而定。为了控制上的方便，通常将$\overline{RE}$、DE 两脚连在一起。高电平时 DI 脚输入的数据有效，低电平时 RO 脚输出的数据有效，从而实现半双工的 RS－485 通信。

本系统采用的是 RS－485 半双工组网，只有一条总线，要求所有的设备在发送完后都应及时释放总线，并转换为接收状态。由于只需一条总线，所以用一片 MAX487 收发器就足够了。将 MAX487 的发送（$\overline{RE}$）和接收（DE）使能端两脚与 89C52 的 P3.2 端口相连，由于 P3.2 端口通过反相器，所以当 P3.2 ＝0 时，MAX487 处于发送状态，占用总线将 TXD 转换成 RS－485 差分信号并送到总线上，而当 P3.2 ＝1 时，MAX487 工作于接收状态，将总线上的 RS－485 差分信号接收下来，并转换成 TTL 电平，经 RXD 送给 89C52 的串行异步通信接口 UART。煤气控制器系统网络连接图如图 9-4 所示。

在 PC 主机与多个煤气控制器（89C52 单片机）通信时，为了识别不同的煤气控制器，一定要识别数据帧和地址帧，这样 PC 主机和多单片机之间才能进行正确的通信。但 PC 主机的串行通信没有这一功能，其串行接口发送的数据可设为与单片机串行格式匹配的 11 位格式，其中第 9 位是奇偶位。这 11 位数据帧由 1 位起始位、8 位数据位、1 位奇偶校验位和 1 位停止位组成，其格式为：

| 起始位 | D0 | D1 | D2 | D3 | D4 | D5 | D6 | D7 | 奇偶检验位 | 停止位 |
|---|---|---|---|---|---|---|---|---|---|---|

89C52 单片机多机通信的典型数据帧格式为：

| 起始位 | D0 | D1 | D2 | D3 | D4 | D5 | D6 | D7 | TB8 | 停止位 |
|---|---|---|---|---|---|---|---|---|---|---|

其中，TB8 是可编程序位，通过将其置为 0 或 1 而将数据和地址帧区别开来。

比较上面两种数据格式可知：它们的数据位长度相同，不同的仅在于奇偶校验位和 TB8。如果通过软件的方法可以编写 PC 主机串行接口通信的奇偶校验位程序，使其在发送地址时为"1"，发送数据时为"0"，则 PC 主机串行接口通信的奇偶校验位可以完全模拟单片机多机通信的 TB8 位。

对于这一点是不难办到的，可以用软件来实现，在本系统中是用 VB 通信控件 MSComm 的 Settings 属性来实现的。

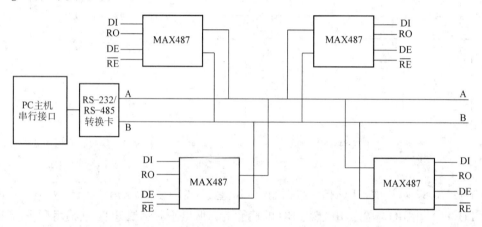

图 9-4　煤气控制器系统网络连接图

PC 主机与各煤气控制器（89C52 单片机）的串行通信程序由两部分组成：一部分是 PC 主机的通信程序，另一部分是单片机的通信程序。这两部分虽然在不同的机器上编写和运行，但它们要做的工作是对应的。一个发送时，另一个一定接收，反之，一个接收时，另一个一定发送，而且对应发送和接收的字符都应相等，否则就失去了通信的意义。因此，为了保证数据通信的可靠性，要制定通信协议，然后各自根据协议分别编制程序。

（1）PC 与楼宇的各煤气控制器采用轮询的方式。PC 为主机，煤气控制器为从机，PC 主机负责轮询主机的地址，煤气控制器负责接收地址并作出响应。PC 主机负责发送请求命令帧并对返回的数据帧进行处理，煤气控制器负责接收分析命令帧并返回符合要求的数据帧。

（2）PC 主机轮询煤气控制器，并发送地址，发送结束后将等待控制器回送地址。此间的相应时间不得超过 50ms，如果超过 50ms，PC 主机将放弃此控制器，依次寻访下一个控制器。PC 主机连发 3 次发送命令帧，发送结束后将等待控制器回送数据帧。此间的响应时间不得超过 200ms，如果超过 200ms，PC 主机将放弃此控制器的数据回传，寻访下一个控制器。

（3）串行接口波特率为 9600bit/s。

（4）字节格式为 11 位：1 位起始位、8 位数据位、1 位地址/数据识别位 TB8/RB8 和 1

位停止位。

（5）对于煤气控制器的编址方式，由中央控制 PC 主机统一管理。每个串行接口的地址是 1~100。

（6）在传输数据时，采用累加和校验，即在发送数据时发送校验和，接收数据时将接收到的数据相加再与发送来的校验和相比较，若相等则认为数据传输成功，不相等则请求重发。

## 9.1.2　通信帧格式

### 1. 数据帧格式

（1）发送数据帧格式（下行）。

1）配置煤气报警帧格式为：

| 从机地址 | 回路 1 | 回路 2 | … | 回路 8 | 校验位和高位 | 校验位和低位 |
| --- | --- | --- | --- | --- | --- | --- |

2）初始化表帧格式为：

| 从机地址 | 表 | 校验位和高位 | 校验位和低位 |
| --- | --- | --- | --- |

（2）接收数据帧格式（上行）。

1）巡检时的警情数据帧为：

| 从机地址 | 回路 1 | 回路 2 | … | 回路 8 | 校验位和高位 | 校验位和低位 |
| --- | --- | --- | --- | --- | --- | --- |

2）表耗量数据帧为：

| 从机地址 | 表低位 | 表高位 | 校验位和高位 | 校验位和低位 |
| --- | --- | --- | --- | --- |

### 2. 命令帧格式

| 从机地址 | 命令 | 命令 | 命令 |
| --- | --- | --- | --- |

（1）从机（煤气控制器）将采样到的表数据和报警情况数据上传给主机，详细情况见表 9-1。

表 9-1　煤气控制器上传 PC 主机命令（上行）

| 命令 | 上传数据类型 | 存储器 |
| --- | --- | --- |
| | 煤气表 | |
| 01 | 表值 | WATCH_HIGH, WATCH_LOW |
| 02 | 定标值（多少脉冲为一个测量单位） | WATCH_DEF |
| | 报警情况 | |
| 11 | 当前报警 | ALARM |
| 12 | 当前端口使用情况 | ALARM_ON |
| 13 | 当前设防 | ALARM_GON |

（2）主机发送数据及命令给从机（下行）。主机运行前配置从机，将初始化数据下传给从机。主机在发送短信息方式时也采用中央主机轮询的方法，如果是以广播方式发布，则中央主机依次对数据库中备案的煤气控制器进行寻访，将机内码发送出去。单独发布轮询到与

要寻访的控制器地址一样时则发送给此控制器机内码，详细情况见表 9-2。

**表 9-2　PC 主机发送给煤气控制器命令**（下行）

| 命令 | 配置类型 | 配置内容 |
|------|---------|---------|
| 煤气表 | | |
| 21 | 初始值 | WATCH1_HIGH，WATCH1_LOW |
| 22 | 定标值 | WATCH1_DEF |
| 报警情况 | | |
| 31 | 端口使用情况 | ALARM_ON |
| 32 | 报警输出 | ALARM_OUT |

### 9.1.3　通信方法

PC 主机与多煤气控制器的通信方式采用轮询模式。轮询模式是在一个以设备为主机（PC 主机）而其他设备为从机（煤气控制器）的拓扑结构中使用的。多点系统必须在多个站点之间，而不仅仅是在两个站点之间进行协调，因此，在这种情况下，要确定哪一个站点有权使用信道。

**1. 如何工作**　当一个多点连接由使用同一条通信线路的一个主设备和若干个从设备构成时，所有的信息交换都必须通过主设备进行，甚至当终点是一个从设备时也是如此。主设备控制链路，从设备遵从其指令。必须由主设备来决定哪一个设备在给定时刻才有权使用信道。因此，主设备总是会话的发起者。

**2. 地址**　对于点到点通信线路配置来说，识别设备并不重要，因为一个设备发送到 RS-485 总线上的所有数据总是只能发送给另一个。但对于多点拓扑中的主设备来说，为了能识别与一个具体的从设备通信，一种命名规范是必需的。总线上每个设备都有一个地址进行自身识别。

**3. 轮询功能**　每次数据传输都是主设备请求从设备进行的，在没有接到请求前，从设备是不允许发送数据的。所有控制都集中在主设备，多点设备准备好接收数据时，主设备必须按照地址依次询问每个从设备发送数据。如果从设备回答是否定的，主设备以同样的方式轮询下一个从设备直到找到要找的设备为止。由于数据传输时采用的协议不同，从设备可以依次发送若干个数据帧。

**4. 终止信息的方法**　有两种终止信息交互的方法：一种是从设备将所有的数据帧发送完毕，并以一个传输结束帧结束传输；一种是主设备发出"时间到"消息。根据采用的协议不同和消息长度的不同，采用不同的终止方法。一旦从设备完成了数据传输，主设备就可以对其他从设备进行轮询了。

**5. 检测方法**　为了保证数据能准确地传输，在数据传输时加了相应的检测方法。主机发送给煤气控制器命令时，如果已经进行了三次发送，或者时间到，但没有得到煤气控制器的响应，那么这次通信就算失败，主机轮询下一个煤气控制器。在传输数据时，将数据加上冗余校验，即在发送时将数据以及校验和同时发送，接收数据时将接收到的数据相加再与发送来的校验和相比较，若相等，则认为数据传输成功，若不相等，则请求重发。

## 9.2　上位机通信程序

**1. 利用 VB6.0 提供的 MSComm 通信控件可以方便地访问串口**　通过属性设置数据传输率、奇偶校验、缓冲区容量等，通过方法和事件发送、接收数据和控制命令。

主要属性设置如下：

Commport：设置通信连接端口代号。

Settings：以字符串的形式设置或回传"BBBB ，P ，D ，S"。

PortOpen：通信连接端口状态。

Input：从输入寄存器传回并移除字符。

Output：将一个字符串写入输出寄存器。

Inputlen：指定由串行端口读入的字符串长度。

InBufferCount：已接收并且正在接收寄存器等待读取的字符数。

InputMode：ComInputModeText 0，以文字字符串的形式取回；ComInputModeBinary 1，以二进制的形式取回。

**2. 利用 VB 中 MSComm 的 Settings 属性的动态设置实现多机通信**　在属性中尤其值得注意的是 MSComm 控件中的 Settings 属性，其值的格式为"BBBB，P，D，S"。

1）BBBB 为传输波特率，如 9600bit/s、2400bit/s 等。

2）P 为奇偶方式设定位，其值为 E（偶校验位 Even）、M（记号 Mark）、N（默认值 Default）、None（无奇偶校验）、O（偶校验 Odd）和 S（空白 Space）6 种。

3）D 为数据位数，其值有 4、5、6、7、8 共 5 种。

4）S 为停止位数，其值有 1、1.5、2 共 3 种。

一般认为，VB6.0 的通信控件 MSComm 只能实现双机通信，而无法实现对分布式煤气控制器机群的控制，因而只能另觅他径，如利用动态链接库（DDL）技术等。另一方面，由于 PC 主机系统配置的串行接口芯片，不论是早期的 8250 还是近期的 16C450 或 16C550 等，均无多机工作的模式，即串行通信帧格式中无地址/数据使能位定义。因此，在 PC 主机允许的串行通信帧格式中，只有利用奇偶校验来模拟产生多机系统中必需的地址/数据使能位，才能实现对分布式控制器群的控制。通过对 VB6.0 环境下串行通信控件的 MSComm 属性以及串行信息帧格式的深入研究，提出了直接利用串行通信控件 MSComm 有关属性的方法，以保证串行通信帧的奇偶位随传送地址或数据的变化而动态变化。可通过动态设定 MSComm 控件的 Settings 属性中奇偶方式的 P 值，以串行通信帧中奇偶位的变化来模拟多机通信时地址/数据使能位，当发送地址帧时，保证奇偶校验位为"1"，发送数据帧时，保证奇偶校验位为"0"。具体有两种方法：

1）对于每次要发送的 8bit 数据，首先根据发送地址帧和数据帧的要求，再根据待发数据中 1 的奇偶位，来动态地设定串行通信奇校验为奇校验或偶校验。

2）利用 MSComm 控件的 Settings 属性中奇偶设置方式位 P 的 M（Mark）或 S（Space）值来实现。发送地址帧时，选择奇偶方式位 P 的值为 M，而发送数据帧时，选择奇偶方式位 P 的值为 S。

两种方法均以牺牲串行信息帧的奇偶校验功能为代价。在本章介绍的系统中，用简单且行之有效的"累加和校验"的校验方法。

**3. PC 主机串行通信初始化**　利用 VB 的 MSComm 串行通信控件，在 VB6.0 的环境下直接利用 MSComm 串行通信控制 Settings 属性中的奇偶方式位 P，通过动态改变 P 的值，选择 M（Mark）或 S（Space）来模拟串行信息帧的地址/数据使能位，从而实现对多煤气控制器的控制。其属性设置为：

1）MSComm1. Settings = "9600，M，8，1"，即波特率为 9600bit/s，MARK 状态（地址使能位），8 位数据位，1 位停止位。

2）MSComm1. Settings = "9600，S，8，1"，即波特率为 9600bit/s，SPACE 状态（数据使能位），8 位数据位，1 位停止位。

3）InBufferCount：传回在接收寄存器中的字符。InBufferCount 属性设为 0，用来清除寄存器。

4）InputMode：设置或传回 Input 属性取回的数据形式。ComInputModeText 为 0 时，表示以文字形式取回；ComInputModeBinary 为 1 时，表示以二进制形式取回。

**4. 程序设计**

（1）发送数据过程：

发送端口号 → 发送从机地址 → 发送命令及数据 → 等待 → 接收从机回应 → 判断地址 → 完成

（2）接收数据过程：

发送端口号 → 发送从机地址 → 发送命令 → 等待 → 接收从机地址及数据 → 判断地址 → 判断校验和 → 完成

以发送程序为例：

```
Dim Oub ( ) As Byte, InB ( ) As Byte        '定义动态数组
MSComm1. CommPort = RS (1)                   '从数据库中取出端口号
If MSComm1. PortOpen = False                 '开端口
Then
MSComm1. PortOpen = True
End If
MSComm1. Settings = "9600, M, 8, 1"
MSComm1. SThreshold = 1
Flag = 0
MSComm1. Output = Chr (RS (2))               '从数据库取从机地址并发送地址
Timer1. Interval = 50
Timer1. Enabled = True
Do
        DoEvents
Loop Until Flag < > 0
If Flag = 9
Then
        MsgBox "发送数据错误！"
        MSComm1. PortOpen = False
```

```
                Exit Sub
        End If
        MSComm1. Settings = "9600, S, 8, 1"
        MSComm1. InBufferCount = 0
        ReDim Oub（0 To 8）
        ｛Oub 数组赋值｝
        MSComm1. Output = Oub                    '发送命令及数据
        Timer1. Interval = 50                    '延时
        Timer1. Enabled = True
        Do
                DoEvents
        Loop Until MSComm1. InBufferCount > = 1 Or Flag = 9 '如果接收字符的个数大于
                                                           或等于 1 或定时时间到
        ｛接收校验｝
```

**5. 程序说明**

（1）由于主机与从机之间传送的数据量比较大，所以通常用二进制的方式来传输数据，并且将数据首先存入一个形式为 Byte 的动态数组中，然后再将此动态数组传送出去。

（2）在每次传输命令后，等待一段时间，才可能得到从机的应答，通过计算从机响应时间以及反复试验得到最佳等待时间为 50ms，发送从机地址的等待时间为 50ms，在接收从机地址及数据时等待时间为 200ms。

（3）在主机接收从机回应时，利用一个等待循环判断 InBufferCount 的字符数和等待时间。

（4）接收数据时，用一条循环语句将动态数组中的数据取出，并将数据转换排序，按照十进制顺序放入数据库的相应表中。

## 9.3　煤气控制器串行接口设计

煤气控制器有很多个，采用单片机的多机通信来实现数据传输，并且主要靠主从机之间正确地设置与判断单片机的多机通信控制位 SM2 以及发送和接收第 9 位（地址/数据识别位）来进行通信。

采用串行接口工作方式 3 的多机通信方式，首先给各从机定义地址编号，主机用此地址识别从机。初始化时，置所有从机的 SM2 位为"1"，使它们都处于监听状态。当主机发送一个地址帧时，所有从机接收地址帧，并将其与本机地址比较。若地址不符，则维持 SM2 = 1 的监听状态；若地址相符，则置 SM2 = 0，转入接收主机发送的命令，然后再根据该命令类别进行数据的接收或者发送，从而实现主机与被巡检从机之间的通信。通信完毕，SM2 = 1，恢复监听状态。

### 9.3.1　串行接口通信初始化

**1. 串行接口初始化程序**

```
SSIOINIT: MOV   IE, #10010010B
```

```
MOV    TMOD, #00100010B
MOV    TH1, #0FDH
MOV    TL1, #0FDH
MOV    PCON, #00H
MOV    SCON, #11110000B
SETB   SM2
SETB   TXD_E
SETB   TR1
RET
```

**2. 串行接口初始化程序说明**

（1）MOV　IE, #10010010B：初始化中断允许控制 IE。IE 的初始值与中断允许控制位的对应如图 9-5 所示。

| | D7 | D6 | D5 | D4 | D3 | D2 | D1 | D0 | |
|---|---|---|---|---|---|---|---|---|---|
| IE | EA | — | ET2 | ES | ET1 | EX1 | ET0 | EX0 | A8H |
| 位地址 | AFH | AEH | ADH | ACH | ABH | AAH | A9H | A8H | |
| 初始值 | 1 | 0 | 0 | 1 | 0 | 0 | 1 | 0 | |

图 9-5　IE 的初始值与中断允许控制位的对应

中断允许寄存器 IE 对中断的开放或屏蔽实现两级控制。所谓两级控制，即当 EA = 0 时，屏蔽所有的中断请求，对任何中断请求都不接受；当 EA = 1 时，CPU 开中断，但 6 个中断源还要由 IE 低 6 位的各对应控制位的状态进行中断允许控制。ES = 1，允许串行接口中断；ET0 = 1，允许 T0 中断。

（2）MOV　TMOD, #00100010B：工作模式寄存器 TMOD 的初始值与各控制位的对应如图 9-6 所示。T0 与 T1 定时器为工作方式 2。GATE = 0：不管 $\overline{INT0}$（或 $\overline{INT1}$）引脚电平是高还是低，只要用软件将 TR0（或 TR1）置"1"，就可以起动定时器，不受外部输入引脚的控制。$C/\overline{T} = 0$：定时方式，采用晶振脉冲的 12 分频信号作为计数器的计数信号，对机器周期进行计数。

| | D7 | D6 | D5 | D4 | D3 | D2 | D1 | D0 | |
|---|---|---|---|---|---|---|---|---|---|
| TMOD | GATE | $C/\overline{T}$ | M1 | M0 | GATE | $C/\overline{T}$ | M1 | M0 | 89H |
| 初始值 | 0 | 0 | 1 | 0 | 0 | 0 | 1 | 0 | |
| 控制对象 | T1 | | | | T0 | | | | |

图 9-6　TMOD 的初始值与各控制位的对应

（3）MOV　SCON, #11110000B：串行控制寄存器 SCON 用于选择串行通信的工作方式和某些控制功能，其初始值与各控制位的对应位如图 9-7 所示。由初始值可知：串行接口工作在方式 3；SM2 = 1，允许多机控制；REN = 1，允许接收；发送数据第 9 位 TB8 = 0，初始化为发送数据帧，根据发送数据的需要可软件置位；接收数据第 9 位 RB8 = 0，初始化为接收数据帧；TI = 0，意味着向 CPU 提供"发送数据缓冲器 SBUF 已空"的信息，CPU 可以准备发送下一帧数据；RI = 0，软件清零。

| | D7 | D6 | D5 | D4 | D3 | D2 | D1 | D0 | |
|---|---|---|---|---|---|---|---|---|---|
| SCON | SM0 | SM1 | SM2 | REN | TB8 | RB8 | TI | RI | 98H |
| 位地址 | 9FH | 9EH | 9DH | 9CH | 9BH | 9AH | 99H | 98H | |
| 初始值 | 1 | 1 | 1 | 0 | 0 | 0 | 0 | | |

图 9-7　SCON 的初始值与各控制位的对应

（4）MOV　PCON，#00H：特殊功能寄存器 PCON 的初始值与各控制位的对应如图 9-8 所示。

| | D7 | D6 | D5 | D4 | D3 | D2 | D1 | D0 | |
|---|---|---|---|---|---|---|---|---|---|
| PCON | SMOD | — | — | — | — | — | — | — | 87H |
| 初始值 | 0 | 0 | 0 | 0 | 0 | 0 | 0 | 0 | |

图 9-8　PCON 的初始值与各控制位的对应

定时器 T1 作波特率发生器使用，选用自动重装载方式，即工作方式 2。TL1 作计数用，自动重装载值放在 TH1 内。

因 T1 工作在方式 2 下的初始值为

$$X = 256 - \frac{2^{\text{SMOD}} f_{\text{osc}}}{384 \times 波特率}$$

所以当 $f_{\text{osc}} = 11.059\,\text{MHz}$，波特率 $= 9600\,\text{bit/s}$，SMOD $= 0$ 时，定时器的初始值为

$$X = 256 - \frac{2^0 \times 11.059\,\text{MHz}}{384 \times 9600\,\text{bit/s}}$$
$$= 253 = \text{FDH}$$

汇编语言实现 T1 自动重装载计数方式的初始化程序为：

```
MOV   TH1，#0FDH
MOV   TL1，#0FDH
```

（5）SETB　TXD_E：MAX487 的发送接收使能端设为接收状态。

（6）SETB　SM2：初始化时，单片机串行接口处于监听状态。

（7）SETB：TR1 起动定时器。

## 9.3.2　串行接口通信程序设计

**1. 多机通信从机中断服务程序设计**　在没有收到 PC 主机发送的命令之前，所有的煤气控制器都处于监听状态，即接收地址帧状态（SM2 = 1），对应的 PC 主机是发送地址帧状态（MARK 状态）。当某煤气控制器接收到的地址与其地址相符时，只有该煤气控制器进入接收数据帧状态（SM2 = 0），相应的 PC 主机进入发送或接收数据帧状态（SPACE 状态），才能控制其开始接收命令。该命令又分为两大部分，即发送命令和接收命令。

（1）若是发送命令，则将该煤气控制器的地址回发给 PC 主机，然后根据命令发送给 PC 主机相应的数据。

（2）若是接收命令，同样也将该煤气控制器的地址回发给 PC 主机，然后接收 PC 主机发给该煤气控制器的数据，处理完数据之后（如检验和校验之后），将数据存入 24C16 中，以备控制器中相应的程序调用。

该煤气控制器完成与 PC 主机数据交互之后，恢复监听状态（SM2 = 1），与其他煤气控制器一样等待 PC 主机的巡检。多机通信从机中断服务流程图如图 9-9 所示。

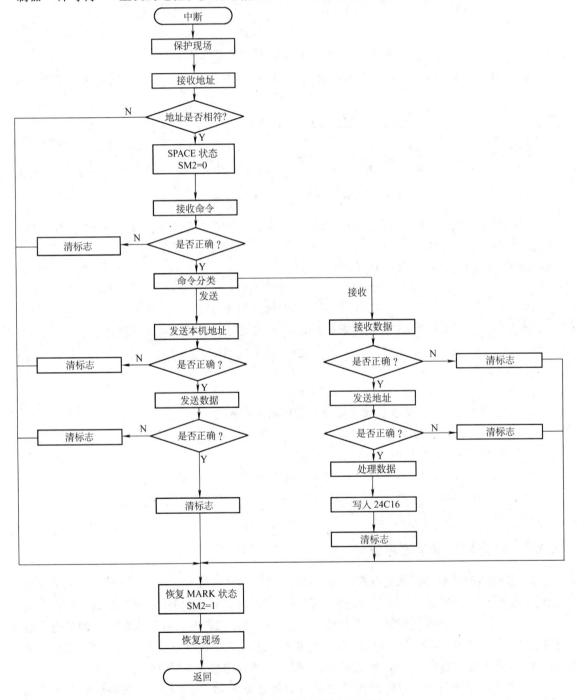

图 9-9　多机通信从机中断服务流程图

煤气控制器每次与 PC 主机进行接收与发送数据时，分别调用接收与发送程序，而接收与发送程序又调用接收与发送等待程序。在接收等待程序中，用到串行接口控制寄存器 SCON 中的接收中断标志位 RI，RI = 1，表示接收完毕。在发送等待程序中，用到串行接口控制寄存器 SCON 中的发送中断标志 TI，TI = 1，表示发送完毕。

入口参数作用如下：

R1：发送数据时，作为发送数据块首地址；接收数据时，作为接收数据块首地址。

R3：发送数据时，作为发送数据块字节数；接收数据时，作为接收数据块字节数。

**2. 煤气控制器发送命令程序设计**　在煤气控制器接到命令之后，判断命令的类型。如果是发送命令，首先是串行接口处于发送状态，然后将要发送的数据存入 R1 间接寄存器中，将发送的数据个数存入 R3 中，依次通过发送数据寄存器将数据通过串行接口发送给 PC 主机。如果发送成功，则设置正确标志；如果发送不成功，则设置错误标志，用来进行中断程序查询。发送流程图如图 9-10 所示。

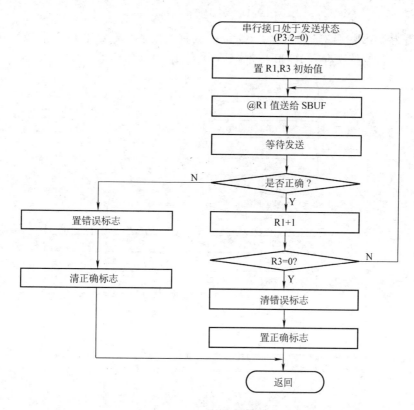

图 9-10　发送流程图

发送等待流程图如图 9-11 所示。将数据通过发送数据寄存器 SBUF 发出之后，转入发送等待子程序。在有限的时间内，查询发送中断标志位 TI，如果 TI = 1，则发送成功，置正确标志；如果在这个有限的时间内发送不成功，则退出发送等待程序，置错误标志，以用来发送程序查询。

**3. 煤气控制器接收命令程序设计**　本煤气控制器接收到 PC 主机发送的命令之后，经过判断是接收命令，则转入接收程序。首先，将串口置于接收状态，R1 的间接存储器存储从

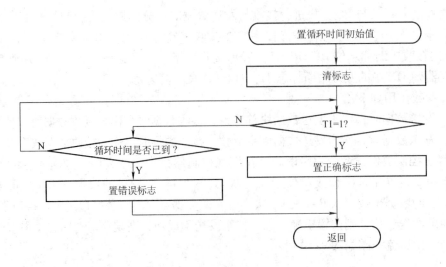

图 9-11　发送等待流程图

接收数据寄存器 SBUF 接收来的数据，R3 记录接收数据的个数，通过一个循环程序，将接收数据寄存器的数据依次存入 R1 间接寄存器中，如图 9-12 所示。

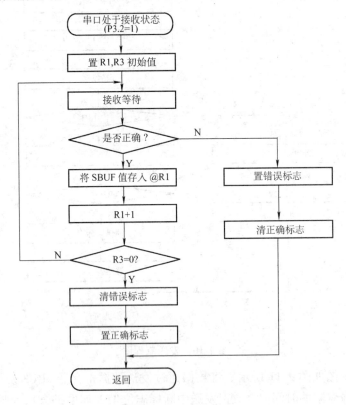

图 9-12　接收流程图

接收等待流程图如图 9-13 所示。它是用来判断接收数据是否成功及如何退出接收等待程序的。主要方法是在有限的时间内查询接收中断标志位 RI，如果 RI = 1，则接收成功，如果没有接收成功，但时间已到，则退出接收等待程序，并设置标志位以便接受程序查询。

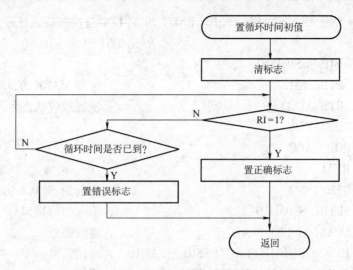

图 9-13　接收等待流程图

## 9.4　煤气控制器串行接口通信程序

**1. 初始化程序**

```
        ORG   0000H
        LJMP  MAIN
        ORG   0023H
        LJMP  SSIO


SSIOINIT: MOV  IE, #10010010B
        MOV   TMOD, #00100010B
        MOV   TH1, #0FDH
        MOV   TL1, #0FDH
        MOV   PCON, #00H
        MOV   SCON, #11110000B
        SETB  SM2
        SETB  TXD_E
        SETB  TR1
SSIO:   CLR   RI ; 清接火中断标志, 主机发送时, 第 9 个数据位置是 1, 表示发出
                  的数是地址, 当 RI = 0, 已接收到的第 9 个数为 1, 则置位 RI =
                  1, 表示已收到一个 9 位数
        PUSH  ACC
        PUSH  PSW
        CLR   SSIOLED ; 串行接口灯亮
        MOV   A, SBUF ; 读上位机发送的本机地址号, 若是查询本机, 则开始通
                       信, SM2 = 1 时监听, SM2 = 0 时接收数据
```

```
              CJNE    A, SLAVE, SSIO_END；SLAVE 中是控制器地址号，存在于 24C16
                                              单元 6FH 中
              LJMP    SSIOPRO
SSIO_END： SETB    SM2                        ; 恢复 MARK 方式
              SETB    TXD_E                     ; 恢复接收状态
              POP    PSW
              POP    ACC
              RETI
SSIOPRO：  CLR    SM2                        ; 当前为 SPACE 方式
              SETB    SSIOLED                   ; 熄灭串行接口灯
              LCALL    SSIO_WAIT_R             ; 接收命令
              JB    SSIORIGHTFLAG, SSIO_START   ; 通信正常
              CLR    SSIORIGHTFLAG             ; 清标志
              LJMP    SSIO_END
; 命令
; 01 抄表值
; 02 抄定标值
; 报警器
; 11 抄当前报警值
; 12 抄报警端口使用情况
; 13 抄当前设防
; 表配置
; 21 表值
; 22 定标值
SSIO_START： MOV    A, SUBF                  ; 开始接收由上位机发送来的指令
SSIO_1：      CJNE    A, #01H, SSIO_2          ; 发送表值
              LCALL    TX_W_VALUE
              LJMP    SSIO_END
SSIO_2：      CJNE    A, #02H, SSIO_11         ; 发送定标值
              LCALL    TX_W_DEFINE
              LJMP    .SSIO_END
SSIO_11：     CJNE    A, #11H, SSIO_12         ; 发送当前报警
              LCALL    TX_A_ST
              LJMP    SSIO_END
SSIO_12：     CJNE    A, #12H, SSIO_13         ; 发送当前端口使用情况
              LCALL    TX_A_ON
              LJMP    SSIO_END
SSIO_13：     CJNE    A, #13H, SSIO_21         ; 发送当前设防
              LCALL    TX_A_GON
```

```
                    LJMP    SSIO_ END
SSIO_21：            CJNE    A, #21H , SSIO_22
                    LCALL   RX_W_VALUE
                    LJMP    SSIO_END
SSIO_22：            CJNE    A, #22H , SSIO_31
                    LCALL   RX_W_DEFINE
                    LJMP    SSIO_END
SSIO_31：            CJNE    A, #31H , SSIO_32
                    LCALL   RX_ A_ON
                    LJMP    SSIO_END
SSIO_32：            CJNE    A, #32H , SSIO_33
                    LCALL   RX_A_GON
                    LJMP    SSIO_END
SSIO_33：LJMP    SSIO_ END
```

**2. 发送数据程序**

```
TX_W_ VALUE：        NOP
                    ; 返回地址
                    LCALL   TX_SLAVE            ; 将本机地址发向主机
                    JNB     SSIORIGHTFLAG, TX_W_VALUEEND
                    MOV     R1, #WATCH_HIGH
                    MOV     A, @ R1
                    MOV     R1, #SSIO_ DATA1
                    MOV     @ R1, A

                    MOV     R1, #WATCH_ LOW
                    MOV     A, @ R1
                    MOV     R1, #SSIO_ DATA2
                    MOV     @ R1, A

                    MOV     SSIO_ NO, #08H       ; 发送 8B 数据
                    LCALL   TX_ DATA             ; 发送子程序

TX_ W_ VALUEEND：CLR   SSIOERRFLAG
                    CLR     SSIORIGHTFLAG
                    NOP
                    RET
```

**3. 接收数据程序**
; 接收定表值

```
RX_W_DEFINE:        SET   TXD_E                      ;单片机接收状态
                    NOP
                    NOP
                    LCALL   RX_DATA                  ;接收子程序
                    JB   SSIORIGHTFLAG , RX_W_DEFINE1
                    LJMP   RX_W_DEFINE_END
RX_W_DEFINE1:       CLR   TXD_E
                    LCALL   TX_SLAVE                 ;发送地址
                    JB   SSIORIGHTFLAG , RX_W_DEFINE2
                    LJMP   RX_W_DEFINE_END
RX_W_DEFINE2:       NOP
                    MOV   R1, #SSIO_DATA
                    MOV   A, @R1
                    MOV   R1, #WATCH_DEF
                    MOV   @R1, A
RX_W_DEFINE_E:      MOV   WDATAADR, #WATCH1_DEF
                    MOV   RAW_ADR, #WATCH1_DEF
                    MOV   WDATA_NO, #01H
                    LCALL   PW24C16                  ;写入24C16
                    LCALL   DELAY10M
RX_W_DEFINE_END:    CLR   SSIORIGHTFLAG
                    CLR   SSIOERRFLAG
                    NOP
                    RET
```

**4. 发送子程序**

串行通信总线 UART 由 RXD 作接收端口，TXD 作发送端口，也可作普通 I/O 端口（P3.0，P3.1）。在 UART 移位寄存器方式下，RXD、TXD 分别为串行同步通信数据端与时钟端。

```
TX_DATA:           CLR   TXD_E
TX_DATA1:          MOV   R1, #SSIO_DATA1
                    MOV   R3, SSIO_NO
TX_DATA1L:         MOV   SBUF, @R1
                    LCALL   SSIO_WAIT_T
                    JB   SSIORIGHTFLAG , TX_DATAH
                    SETB   SSIOERRFLAG
                    CLR   SSIORIGHTFLAG
                    LJMP   TX_DATA_END
TX_DATAH:          INC   R1
                    DJNZ   R3, TX_DATA1L
```

```
                         CLR    SSIOERRFLAG
TX_DATA_END: NOP
                         RET
```

### 5. 发送等待子程序

```
SSIO_WAIT_T:         MOV    SSTIME, #0FFH
                     MOV    SSTIME2 , #0A0H
                     CLR    SSIORIGHTFLAG
                     CLR    SSIOERRFLAG
SSIO_WAIT_TL:        JBC    TI, SSIO_WAIT_TR
                     NOP
                     NOP
                     NOP
                     NOP
                     NOP
                     DJNZ   SSTIME, SSIO_WAIT_TL
                     MOV    SSTIME , #0FFH
                     DJNZ   SSTIME2, SSIO_WAIT_TL
SSIO_WAIT_TE:        SETB   SSIOERRFLAG
                     LJMP   SSIO_WAIT_TEND
SSIO_WAIT_TR:        SETB   SSIORIGHTFLAG
SSIO_WAIT_TEND: NOP
                     RET
                     END
```

### 6. 接收子程序
; 主机给从机

```
RX_DATA:             SETB   TXD_E
                     NOP
RX_DATA1:            MOV    R1, #SSIO_DATA1
                     MOV    R3, SSIO_NO
RX_DATA1L:           LCALL  SSIO_WAIT_R
                     JB     SSIORIGHTFLAG , RX_DATAH
                     SETB   SSIOERRFLAG
                     CLR    SSIORIGHTFLAG
                     LJMP   RX_DATA_END
RX_DATAH:            MOV    @R1, SUBF
                     INC R1
                     DJNZ   R3, RX_DATA1L
                     CLR    SSIOERRFLAG
                     SETB   SSIORIGHTFLAG
```

```
RX_DATA_END:     NOP
                 RET
```

**7. 接收等待子程序**

```
SSIO_WAIT_R:     MOV    SSTIME, #0FFH
                 MOV    SSTIME2, #0A0H
                 CLR    SSIORIGHTFLAG
                 CLR    SSIOERRFLAG
SSIO_WAIT_RL:    JBC    RI, SSIO_WAIT_RR
                 NOP
                 NOP
                 NOP
                 NOP
                 NOP
                 DJNZ   SSTIME, SSIO_WAIT_RL
                 MOV    SSTIME, #0FFH
                 DJNZ   SSTIME2, SSIO_WAIT_RL
SSIO_WAIT_RE:    SETB   SSIOERRFLAG
                 LJMP   SSIO_WAIT_REND
SSIO_WAIT_RR:    SETB   SSIORIGHTFLAG
SSIO_WAIT_REND:  NOP
                 RET
```

# 第 10 章　煤气控制器存储器的分配

整个程序存储器分为片内和片外两部分，寻址范围分别为 64KB。煤气监控系统只用到了片内程序存储器。程序存储器中，除了存储运行程序之外，还将常用表格固化到程序存储器中。

## 10.1　煤气控制器数据存储空间的分配

根据 89C52 单片机的数据存储空间，数据区域如果不扩展片外 RAM，则片内 RAM 能够利用的空间只有：

（1）高 128B 的 80H ~ FFH 间接存储空间。

（2）低 128B 中的 20H ~ 2FH 位存储区和 30H ~ 7FH 字节存储区。

根据可以利用的片内 RAM，煤气控制器的存储空间分配如下：

**1. 高 128B 间接存储地址分配**　高 128B 数据区和特殊功能寄存器区的地址空间是重叠的。高 128B 的直接寻址寄存器被用作特殊功能寄存器区，只有间接寻址的寄存器能够用来存储数据。在煤气监控系统的控制器中，80H ~ FFH 间接存储地址的分配见表 10-1。

表 10-1　80H ~ FFH 间接存储地址的分配

| | |
| --- | --- |
| F8H ~ FFH | 密码临时寄存器 |
| F0H ~ F7H | 密码 |
| E0H ~ EFH | 键状态变化标志 |
| D8H ~ DFH | 串行接口发送或接收的数据 |
| D0H ~ D7H | 计数暂存器 |
| C8H ~ CFH | 定标值 |
| C0H ~ C7H | 表类型 |
| B8H ~ BFH | 表低 8 位 |
| B0H ~ B7H | 表高 8 位 |
| A8H ~ AFH | 设防延时高 8 位 |
| A0H ~ A7H | 报警延时高 8 位 |
| 98H ~ 9FH | 设防延时低 8 位 |
| 90H ~ 97H | 报警延时低 8 位 |
| 80H ~ 8FH | 液晶显示寄存器 |

汇编语言定义如下：

```
      ; 间址寄存器
  A1TYPE   EQU   88H
  A2TYPE   EQU   89H
```

```
A3TYPE    EQU    8AH
A4TYPE    EQU    8BH
A5TYPE    EQU    8CH
A6TYPE    EQU    8DH
A7TYPE    EQU    8EH
A8TYPE    EQU    8FH

ALARM1_CYCLE    EQU    90H
ALARM2_CYCLE    EQU    91H
ALARM3_CYCLE    EQU    92H
ALARM4_CYCLE    EQU    93H
ALARM5_CYCLE    EQU    94H
ALARM6_CYCLE    EQU    95H
ALARM7_CYCLE    EQU    96H
ALARM8_CYCLE    EQU    97H

G1ON_CYCLE    EQU    98H
G2ON_CYCLE    EQU    99H
G3ON_CYCLE    EQU    9AH
G4ON_CYCLE    EQU    9BH
G5ON_CYCLE    EQU    9CH
G6ON_CYCLE    EQU    9DH
G7ON_CYCLE    EQU    9EH
G8ON_CYCLE    EQU    9FH

ALARM1_CYCLE2    EQU    A0H
ALARM2_CYCLE2    EQU    A1H
ALARM3_CYCLE2    EQU    A2H
ALARM4_CYCLE2    EQU    A3H
ALARM5_CYCLE2    EQU    A4H
ALARM6_CYCLE2    EQU    A5H
ALARM7_CYCLE2    EQU    A6H
ALARM8_CYCLE2    EQU    A7H

G1ON_CYCLE2    EQU    A8H
G2ON_CYCLE2    EQU    A9H
G3ON_CYCLE2    EQU    AAH
G4ON_CYCLE2    EQU    ABH
G5ON_CYCLE2    EQU    ACH
```

```
G6ON_CYCLE2    EQU    ADH
G7ON_CYCLE2    EQU    AEH
G8ON_CYCLE2    EQU    AFH

WATCH1_HIGH    EQU    B0H
WATCH2_HIGH    EQU    B1H
WATCH3_HIGH    EQU    B2H
WATCH4_HIGH    EQU    B3H
WATCH5_HIGH    EQU    B4H
WATCH6_HIGH    EQU    B5H
WATCH7_HIGH    EQU    B6H
WATCH8_HIGH    EQU    B7H

WATCH1_LOW     EQU    B8H
WATCH2_LOW     EQU    B9H
WATCH3_LOW     EQU    BAH
WATCH4_LOW     EQU    BBH
WATCH5_LOW     EQU    BCH
WATCH6_LOW     EQU    BDH
WATCH7_LOW     EQU    BEH
WATCH8_LOW     EQU    BFH

WATCH1_TYPE    EQU    C0H
WATCH2_TYPE    EQU    C1H
WATCH3_TYPE    EQU    C2H
WATCH4_TYPE    EQU    C3H
WATCH5_TYPE    EQU    C4H
WATCH6_TYPE    EQU    C5H
WATCH7_TYPE    EQU    C6H
WATCH8_TYPE    EQU    C7H

WATCH1_DEF     EQU    C8H
WATCH2_DEF     EQU    C9H
WATCH3_DEF     EQU    CAH
WATCH4_DEF     EQU    CBH
WATCH5_DEF     EQU    CCH
WATCH6_DEF     EQU    CDH
WATCH7_DEF     EQU    CEH
WATCH8_DEF     EQU    CFH
```

```
WATCH1_CAL    EQU    D0H
WATCH2_CAL    EQU    D1H
WATCH3_CAL    EQU    D2H
WATCH4_CAL    EQU    D3H
WATCH5_CAL    EQU    D4H
WATCH6_CAL    EQU    D5H
WATCH7_CAL    EQU    D6H
WATCH8_CAL    EQU    D7H


SSIO_DATA1    EQU    D8H
SSIO_DATA2    EQU    D9H
SSIO_DATA3    EQU    DAH
SSIO_DATA4    EQU    DBH
SSIO_DATA5    EQU    DCH
SSIO_DATA6    EQU    DDH
SSIO_DATA7    EQU    DEH
SSIO_DATA8    EQU    DFH


KEY0_VALUE_N    EQU    E0H
KEY2_VALUE_N    EQU    E1H
KEY4_VALUE_N    EQU    E2H
KEY6_VALUE_N    EQU    E3H
KEY0_VALUE_B    EQU    E4H
KEY2_VALUE_B    EQU    E5H
KEY4_VALUE_B    EQU    E6H
KEY6_VALUE_B    EQU    E7H
KEY0_VALUE_L    EQU    E8H
KEY2_VALUE_L    EQU    E9H
KEY4_VALUE_L    EQU    EAH
KEY6_VALUE_L    EQU    EBH
KEY0_CHANGE    EQU    ECH
KEY2_CHANGE    EQU    EDH
KEY4_CHANGE    EQU    EEH
KEY6_CHANGE    EQU    EFH


PASSWORD1    EQU    F0H
PASSWORD2    EQU    F1H
PASSWORD3    EQU    F2H
PASSWORD4    EQU    F3H
```

```
PASSWORD5    EQU    F4H
PASSWORD6    EQU    F5H
PASSWORD7    EQU    F6H
PASSWORD8    EQU    F7H


PASS_TEMP1   EQU    F8H
PASS_TEMP2   EQU    F9H
PASS_TEMP3   EQU    FAH
PASS_TEMP4   EQU    FBH
PASS_TEMP5   EQU    FCH
PASS_TEMP6   EQU    FDH
PASS_TEMP7   EQU    FEH
PASS_TEMP8   EQU    FFH
```

**2. 20H～2FH 位寄存器地址分配**　片内寄存器低 128B 根据不同的寻址方式又进行了划分，00H～FH 为工作寄存器区，20H～2FH 为位寻址区。煤气控制器进行位操作的数据存到 20H～2FH 位寄存器区。20H～2FH 位寄存器地址的分配见表 10-2。

表 10-2　20H～2FH 位寄存器地址的分配

| 地址 | 说明 |
| --- | --- |
| 2FH | 串行接口通信检验标志 |
| 2CH～2DH | 串行接口位寄存器 |
| 2BH | 是否存入 24C16 标志 |
| 2AH | BIT_CHANGE_D |
| 29H | BIT_CHANGE_U |
| 28H | BIT_LAST |
| 27H | BIT_BEFORE |
| 26H | BIT_NOW |
| 20H～23H | 报警是否设防 |

汇编语言定义如下：
```
;位寄存器定义
ALARM_ON  EQU   20H
A0ON   BIT   ALARM_ON_F.0
A1ON   BIT   ALARM_ON_F.1
A2ON   BIT   ALARM_ON_F.2
A3ON   BIT   ALARM_ON_F.3
A4ON   BIT   ALARM_ON_F.4
A5ON   BIT   ALARM_ON_F.5
A6ON   BIT   ALARM_ON_F.6
A7ON   BIT   ALARM_ON_F.7
```

```
ALARM_GON   EQU   21H
A0G    BIT   ALARM_GON_F. 0
A1G    BIT   ALARM_GON_F. 1
A2G    BIT   ALARM_GON_F. 2
A3G    BIT   ALARM_GON_F. 3
A4G    BIT   ALARM_GON_F. 4
A5G    BIT   ALARM_GON_F. 5
A6G    BIT   ALARM_GON_F. 6
A7G    BIT   ALARM_GON_F. 7

ALARM_MODE   EQU   22H
A0M    BIT   ALARM_MODE_F. 0
A1M    BIT   ALARM_MODE_F. 1
A2M    BIT   ALARM_MODE_F. 2
A3M    BIT   ALARM_MODE_F. 3
A4M    BIT   ALARM_MODE_F. 4
A5M    BIT   ALARM_MODE_F. 5
A6M    BIT   ALARM_MODE_F. 6
A7M    BIT   ALARM_MODE_F. 7

ALARM_ST   EQU   23H
A0S    BIT   ALARM_ST_F. 0
A1S    BIT   ALARM_ST_F. 1
A2S    BIT   ALARM_ST_F. 2
A3S    BIT   ALARM_ST_F. 3
A4S    BIT   ALARM_ST_F. 4
A5S    BIT   ALARM_ST_F. 5
A6S    BIT   ALARM_ST_F. 6
A7S    BIT   ALARM_ST_F. 7

BIT_NOW   EQU   26H
BIT0_N   BIT   BIT_NOW. 0
BIT1_N   BIT   BIT_NOW. 1
BIT2_N   BIT   BIT_NOW. 2
BIT3_N   BIT   BIT_NOW. 3
BIT4_N   BIT   BIT_NOW. 4
BIT5_N   BIT   BIT_NOW. 5
BIT6_N   BIT   BIT_NOW. 6
BIT7_N   BIT   BIT_NOW. 7
```

```
BIT_BEFORE    EQU    27H
BIT0_B    BIT    BIT_BEFORE. 0
BIT1_B    BIT    BIT_BEFORE. 1
BIT2_B    BIT    BIT_BEFORE. 2
BIT3_B    BIT    BIT_BEFORE. 3
BIT4_B    BIT    BIT_BEFORE. 4
BIT5_B    BIT    BIT_BEFORE. 5
BIT6_B    BIT    BIT_BEFORE. 6
BIT7_B    BIT    BIT_BEFORE. 7

BIT_LAST    EQU    28H
BIT0_L    BIT    BIT_LAST. 0
BIT1_L    BIT    BIT_LAST. 1
BIT2_L    BIT    BIT_LAST. 2
BIT3_L    BIT    BIT_LAST. 3
BIT4_L    BIT    BIT_LAST. 4
BIT5_L    BIT    BIT_LAST. 5
BIT6_L    BIT    BIT_LAST. 6
BIT7_L    BIT    BIT_LAST. 7

BIT_CHANGE_U    EQU    29H
BIT0_C_U    BIT    BIT_CHANGE_U. 0
BIT1_C_U    BIT    BIT_CHANGE_U. 1
BIT2_C_U    BIT    BIT_CHANGE_U. 2
BIT3_C_U    BIT    BIT_CHANGE_U. 3
BIT4_C_U    BIT    BIT_CHANGE_U. 4
BIT5_C_U    BIT    BIT_CHANGE_U. 5
BIT6_C_U    BIT    BIT_CHANGE_U. 6
BIT7_C_U    BIT    BIT_CHANGE_U. 7

BIT_CHANGE_D    EQU    2AH
BIT0_C_D    BIT    BIT_CHANGE_D. 0
BIT1_C_D    BIT    BIT_CHANGE_D. 1
BIT2_C_D    BIT    BIT_CHANGE_D. 2
BIT3_C_D    BIT    BIT_CHANGE_D. 3
BIT4_C_D    BIT    BIT_CHANGE_D. 4
BIT5_C_D    BIT    BIT_CHANGE_D. 5
BIT6_C_D    BIT    BIT_CHANGE_D. 6
```

BIT7_C_D　BIT　BIT_CHANGE_D. 7


BIT_EEPROM　EQU　2BH
BIT0_E　BIT　BIT_EEPROM. 0
BIT1_E　BIT　BIT_EEPROM. 1
BIT2_E　BIT　BIT_EEPROM. 2
BIT3_E　BIT　BIT_EEPROM. 3
BIT4_E　BIT　BIT_EEPROM. 4
BIT5_E　BIT　BIT_EEPROM. 5
BIT6_E　BIT　BIT_EEPROM. 6
BIT7_E　BIT　BIT_EEPROM. 7


SSIO_NO　EQU　2CH
SSIO_TEMP　EQU　2DH


FLAGREG　EQU　2FH
ERRFLAG　EQU　FLAGREG. 0　　　　　　　; 24C16
PASSFLAG　EQU　FLAGREG. 1　　　　　　; PASSWORD
PASSERRFLAG　EQU　FLAGREG. 2
HELPFLAG　EQU　FLAGREG. 3
DECFLAG　EQU　FLAGREG. 4
SSIORIGHTFLAG　EQU　FLAGREG. 5
SSIOERRFLAG　EQU　FLAGREG. 6

### 3. 30H ~ 7FH 通用寄存器地址分配

30H ~ 7FH 通用寄存器在煤气控制器中的地址分配见表 10-3。

表 10-3　30H ~ 7FH 通用寄存器在煤气控制器中的地址分配

| | |
|---|---|
| 78H ~ 7DH | 液晶驱动 |
| 70H ~ 77H | BCD 码 |
| 6DH ~ 6FH | 本机地址 |
| 64H ~ 6BH | 表和报警数据 |
| 5BH ~ 63H | 键盘层次 |
| 47H ~ 57H | 液晶 |
| 40H ~ 45H | 表 |
| 3AH ~ 3FH | 报警状态 |
| 36H ~ 39H | 键盘 |
| 34H ~ 35H | 串行接口 |
| 30H ~ 33H | 24C16 读写数据 |

汇编语言定义如下：

```
    ; 通用寄存器定义
    ; 24C16
    WDATA    EQU  30H
    WDATAADR    EQU  31H
    WDATA_NO    EQU  32H
    RAM_ADR    EQU  33H
    RDATA   EQU  30H
    RDATAADR   EQU  31H
    RDATA_NO   EQU  32H

    SSTIME   EQU  34H
    SSTIME2    EQU  35H

    R0_KEY    EQU  36H
    R0_DISPLAY    EQU  37H
    KEY_D_CYCLE    EQU  38H
    P0OUT_R    EQU  39H

    ALARM_OUT_MODE   EQU  3AH
    GON_ASK_F   EQU  3BH
    GON_ASK_TEMP   EQU  3CH
    GOFF_ASK_TEMP   EQU  3CH
    GON_DELAY_F   EQU  3DH
    DELAY_ASK_F   EQU  3EH
    DELAY_ON_F   EQU  3FH

    ; WATCH_OP
    WATCH_H_TEMP   EQU  40H
    WATCH_L_TEMP   EQU  41H
    WATCH_C_TEMP   EQU  42H
    WATCH_D_TEMP   EQU  43H
    WATCHCYCLE   EQU  44H
    R0_TEMP   EQU  45H
    ; LCD
    FLASH_TEMP    EQU  47H
    BYTE1_TEMP   EQU  48H
    BYTE2_TEMP    EQU  49H
    BYTE3_TEMP    EQU  4AH
```

```
BYTE4_TEMP    EQU    4BH
BYTE5_TEMP    EQU    4CH
BYTE6_TEMP    EQU    4DH
BYTE7_TEMP    EQU    4EH
BYTE8_TEMP    EQU    4FH
; LCD

                          ; D7   D6   D5   D4    D3   D2   D1   D0
BYTE1    EQU    50H       ; 1F   1G   1E   —     1A   1B   1C   1D
BYTE2    EQU    51H       ; 2F   2G   2E   DP1   2A   2B   2C   2D
BYTE3    EQU    52H       ; 3F   3G   3E   DP2   3A   3B   3C   3D
BYTE4    EQU    53H       ; 4F   4G   4E   DP3   4A   4B   4C   4D
BYTE5    EQU    54H       ; 5F   5G   5E   DP4   5A   5B   5C   5D
BYTE6    EQU    55H       ; 6F   6G   6E   DP5   6A   6B   6C   6D
BYTE7    EQU    56H       ; 7F   7G   7E   DP6   7A   7B   7C   7D
BYTE8    EQU    57H       ; 8F   8G   8E   DP7   8A   8B   8C   8D
; 键盘
DL1    EQU    5BH
DL2    EQU    5CH
DL3    EQU    5DH
KEYCYCLE    EQU    5EH
KEY_PASSTEMP    EQU    5FH

KEY_MPC    EQU    60H
KEY_SPC    EQU    61H
KEY_TIMES    EQU    62H
KEY_VALUE    EQU    63H
; WATCH
WATCH_NOW    EQU    64H
WATCH_BEFORE    EQU    65H
WATCH_LAST    EQU    66H
WATCH_CHANGE    EQU    67H
ALARM_NOW    EQU    68H
ALARM_BEFORE    EQU    69H
ALARM_LAST    EQU    6AH
ALARM_CHANGE    EQU    6BH

BITCYCLE    EQU    6DH
SLAVE_TEMP    EQU    6EH
SLAVE    EQU    6FH
```

```
; HEX   TO   BCD
HEX_ DATA_ HIGH   EQU   70H
HEX_ DATA_ LOW   EQU   71H
BCD_ DATA_ 5   EQU   72H
BCD_ DATA_ 4   EQU   73H
BCD_ DATA_ 3   EQU   74H
BCD_ DATA_ 2   EQU   75H
BCD_ DATA_ 1   EQU   76H
BCDCYCLE   EQU   77H

; BCD   TO   LCD
LCD_ TRAN_ IN   EQU   78H
LCD_ TRAN_ OUT   EQU   79H
LCD_ ADR_ REG   EQU   7AH
LCD_ DATA_ REG   EQU   7BH
LCD_ DATA_ OUT   EQU   7CH
LCDCYCLE   EQU   7DH
```

## 10. 2　煤气控制器数据存储空间的扩展

电可擦除可编程序只读存储器 EEPROM（Electrically Erasable Programmable Read – Only Memory）24C16 具有的特点：在线改写数据和自动擦除功能；电源关闭后，数据不会丢失；输入/输出端口与 TTL 兼容；片内有编程电压发生器，可以产生擦除和写入操作时所需的电压；片内有控制和定时发生器，擦除和写入操作均由此定时电路自动控制；具有整体编程允许和截止功能，已增强数据的保护能力；具有二线串行接口，可以在 $I^2C$ 上作从器件使用。

# 第11章 键盘接口

键盘是单片机进行人机交互的最基本途径。键盘以按键的形式来设置控制功能或输入数据，按键的输入状态本质上是一个开关量。在单片机应用系统中，一般都会设置键盘，主要是为了控制运行状态，输入一些命令或数据，以完成特定的人机交互。

键盘是一个人机交互的接口，是用来输入控制信号或数据的接口。单片机通过键盘识别不同的输入信号，并作出不同的响应。

常用的键盘有独立式按键键盘和矩阵式按键键盘两种。对于简单的开关量的输入可以采用独立式按键键盘，接口简单，但占用单片机 I/O 端口资源较多。对于输入参数较多、功能复杂的系统，需要采用矩阵式按键键盘进行输入控制。

## 11.1 单片机与键盘的接口类型

对于比较简单的系统，按键的使用次数较少，单片机的资源较为丰富，则采用独立式按键键盘，这样可以简化程序。对于比较复杂的系统或使用按键次数比较多的场合，则采用矩阵式按键键盘。

**1. 独立式按键** 独立式按键设计是最简单的键盘输入设计，每个按键单独占有一个 I/O 端口，当按下和释放按键时，输入到 I/O 端口的电平是不一样的，程序按照端口电平的不同判断是否有按键被按下，并执行相应的程序段。

独立式按键采用每个按键单独占用一个 I/O 端口的结构（见图 11-1），并且使用了上拉电阻。当按键被松开的时候，I/O 端口输入的是高电平，当按键被按下的时候，I/O 端口输入的是低电平，从而实现按键的输入。

独立式按键的电路简单，软件结构也简单。但是，由于每个按键都要单独占用一个单片机 I/O 端口，所以不适用于按键输入较多的场合，因为这样会占用很多的单片机 I/O 端口。

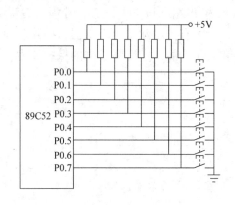

图 11-1 独立式按键电路结构

**2. 矩阵式键盘结构** 对于比较复杂的系统或按键比较多的场合，可采用矩阵式键盘。在实际使用中，最为广泛使用的是 $4 \times 4$ 矩阵式键盘结构，如图 11-2 所示。一般将行线（X0 ~ X3）和列线（Y0 ~ Y3）分别接到单片机的一个 8 位的并行端口上，在程序中分别对行线和列线进行不同的操作便可以确定按键的状态。

矩阵式键盘的工作方式有扫描法、线反转法和中断法 3 种。从本质上说，扫描法和线反转法都属于扫描查询类型。下面分别介绍各种方法是如何工作的。

（1）扫描法。扫描法是在 CPU 完成其他工作之余，利用反复扫描查询键盘端口，根据端口的输入情况调用不同的按键处理子程序。

由于在执行按键处理子程序的时候，单片机不能再次响应按键请求，因此，单片机的按键处理子程序应该尽可能少占用 CPU 的运行时间，以满足实时准确响应按键请求的目的。键盘扫描的一般步骤如下：

第一步：判断键盘有无按键被按下。矩阵式键盘在使用时将行线通过上拉电阻接 +5V 电源，如 11-3 所示。如果此时无任何按键被按下，则对应的行线输出为高电平；如果此时有按键被按下，则对应交叉的行线和列线短接，行线的输出依赖于与此行线连接的列线的电平状态。由此可以实现矩阵式键盘的编码处理。

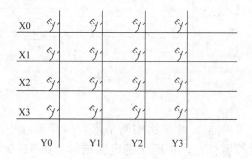 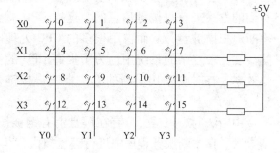

图 11-2　4×4 矩阵式键盘结构　　　　图 11-3　扫描法的电路结构

将列线（Y0 ~ Y3）全部设置成输出为"0"，此时读行线（X0 ~ X3）的状态。如果行线全为"1"，则表示此时没有任何按键被按下；如果行线不全为"1"，则表示有按键被按下，进而继续执行下面的步骤。

第二步：按键软件去抖动。当判断有按键被按下之后，程序延时 10ms 左右的时间后再次判断键盘的状态。如果仍然处于按键被按下的状态，即行线不全为"1"，则便可以肯定有按键被按下，否则当作按键的抖动来处理。

第三步：扫描按键的位置。先令列线 Y0 为低电平"0"，其余 3 根列线均为高电平"1"，此时读取行线的状态。如果行线均为高电平，则 Y0 这一列上没有按键被按下；如果行线不全为高电平，则其中为低电平的行线与 Y0 相交的按键被按下。如果列线 Y0 没有按键被按下，则按照同样的方法依次检查列 Y1、Y2 和 Y3 有没有按键被按下。按照这样的方法逐列逐行扫描，便可以找到按键被按下的位置。

第四步：一次按键处理。有的时候，为了保证一次按键操作只进行一次按键处理，可以先判断按键是否被释放，如果按键被释放，则开始执行按键操作。

（2）线反转法。线反转法从本质上来说也是一种扫描法。在实际使用过程中，扫描法需要逐列扫描查询，键的位置不同，每次查询的次数也就不一样。如果被按下的键位于最后一列，则要进行多次扫描查询才能获得按键的位置。如果采用线反转法，无论被按键处于第一列还是最后一列，都只需要两步便可以获得此按键的位置。

反转法的电路结构如图 11-4 所示。利用线反转法的具体过程如下：

第一步：将行线作为输出线，列线作为输入线，置输出线全部为"0"，此时列线中呈低电平"0"的为按键所在的列，如果全都不是"0"，则没有按键被按下。

第二步：将第一步反过来，将列线作为输出线，行线作为输入线，置输出线全部为

"0"，此时行线中呈低电平"0"的为按键所在的列，这样就确定了按键的位置。

第三步：一次按键处理。有的时候，为了保证一次按键只进行一次按键处理，可以先判断按键是否被释放，如果按键被释放，则开始执行按键操作。

第四步：去抖动处理。可以在第一步和第二步之间加延时语句，这样在第二步就判断了是否为键抖动。

（3）中断法。前面两种方法都是利用扫描查询的方式来获得按键信息的，这样 CPU 总要不断地扫描键盘，从而占用很多的 CPU 处理时间。在比较复杂的系统中，为了提高 CPU 的工作效率，有时会采用中断的方法来获得按键信息。

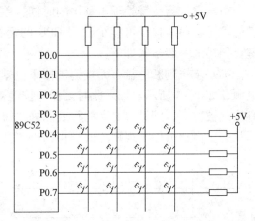

图 11-4　反转法的电路结构

中断法的思想是：只有在键盘上有键被按下的时候，才发出中断请求。CPU 响应中断请求后，在中断服务程序中进行键盘扫描，获得按键信息。中断法的电路结构如图 11-5 所示。

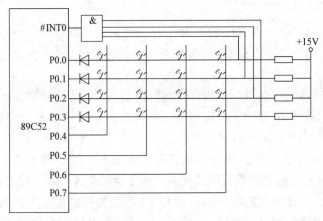

图 11-5　中断法的电路结构

4×4 矩阵式键盘的列线与单片机 P0 端口的高 4 位相连，行线通过二极管与单片机 P0 端口的低 4 位相连。P0.0 ~ P0.3 作为输入端，P0.4 ~ P0.7 作为输出端。键盘的 4 根行线分别引出并连接到一个具有 4 个输入端的与门，其输出端接单片机的外部中断#INT0。初始化的时候，将键盘的输出端口全部置低电平"0"。当有按键被按下的时候，#INT0 将变为低电平，此时向 CPU 发出中断请求，CPU 响应中断并进入中断服务程序。在中断服务程序中，可以按照前面的扫描查询方法来获得按键的位置信息。

## 11.2　键盘设计时应处理的问题

单片机应用系统的人机接口部分，需要占用合理的单片机资源，从而能够实时、准确地响应用户的输入信号。在进行单片机键盘接口设计时，单片机系统应着重处理以下几个问题。

**1. 键盘的编码**　键盘按键与单片机的接口是单片机的 I/O 线。由于单片机 I/O 线接收的是高、低电平信号，因此，键盘输入的不同状态可以表示为 I/O 线上不同的高、低电平组合。键盘的编码是每个按键在单片机程序设计时对应的键值，每个按键对应一个唯一的键值，当按某一个键时，单片机对不同的键有不同的键值，从而作出不同的反映。键盘编码的主要任务就是设计不同的键盘结构，为每个按键分配不同的 I/O 输入信号，以供单片机识别并响应。

**2. 键盘输入的可靠性**　键盘输入的可靠性是指让单片机程序能够正确无误地响应按键操作。可靠地进行输入是键盘接口设计的关键点。键盘的可靠输入应解决好以下两个方面的内容：

（1）去抖动。目前的键盘按键大多为机械式接触点，由于触点的机械弹性效应，在按键闭合和断开的时候，接触点的电压并不是立即变化，而是会出现抖动。根据按键的不同机械特性，抖动的时间长短不等，一般为 5 ~ 10ms。

（2）一次按键处理。人按下键盘时，按键闭合是有一定时间的，一般为 0.1 ~ 5s。因为单片机的执行速度很快，如果处理不当，就有可能一次按键操作被执行很多次。一般情况下，采用延时程序可以同时达到去抖动和一次按键处理的目的。为了去除按键的抖动，并且保证单片机对键盘按键的一次输入仅响应一次，可以在硬件和软件上采取不同的措施。一般来说，硬件处理比较复杂，成本也很高，而软件处理则很简单，也很实用，因而应用很广泛。

软件去抖动和一次按键处理的方法是：当程序检测到有按键被按下时，执行一个 10ms 的延时程序，然后再检测一次，看是否该按键仍然闭合。如果仍然闭合，则可以确认有按键被按下，从而可以消除抖动的影响，然后执行相应的操作。

**3. 键盘的检测及响应**　单片机对键盘输入的检测可以有查询和中断两种方式。查询方式需要在程序中反复查询每一个按键的状态，这样会占用大量的 CPU 处理时间，这种方法适用于一般用途的程序。中断法是当有按键被按下的时候向 CPU 申请中断，平时不会占用 CPU 处理时间，适用于一些较为复杂的单片机系统。

在程序中，对键盘的处理过程为：首先检测是否有按键被按下，如果检测到有按键被按下，执行按键延时程序，用软件去抖动，消除抖动的影响；其次，准确判断是哪个按键被按下，然后转向相应的子程序，处理与这个键对应的子程序。

为了满足系统实时性的要求，程序对键盘的响应应该准确迅速。在处理按键的子程序时，不能因执行过于繁重的任务而延误对下一次按键动作的响应。

## 11.3　煤气控制器的键盘设计

**1. 键盘逻辑层次**　键盘采用 4×4 矩阵式结构，一共用到 15 个键，分别是密码、显示、设防、撤防、求助、0 ~ 9。其中，密码、显示、设防、撤防、求助是功能键，将键的功能分成五大类。例如，按下"显示"键之后，那么以下的工作就是与各种显示有关的操作。

煤气控制器安装到公寓楼的各个单元中，应做得小巧、美观，同时又能完成相应的功能。为了充分利用键的功能，我们采用了分层次的办法，即大类下分小类。键盘处理程序层次如图 11-6 所示。

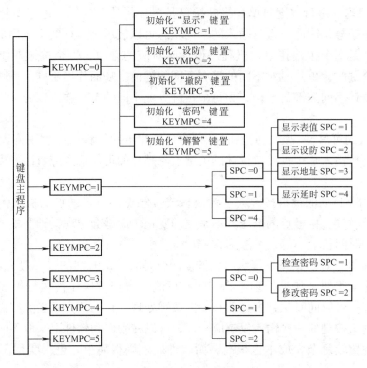

图 11-6　键盘处理程序层次

　　键盘的主要功能是：在读表功能键中，管理显示表值、报警、地址、端口是否启用、端口模式、设防延时、显示延时、紧急求助等功能块。

　　在初始化时，将 KEYMPC 值设为"0"，在键盘主程序中首先访问程序主指针 KEYMPC =0 的子程序。在这个子程序中，定义、初始化显示、设防、撤防、求助、密码等功能块。因此，当我们按下"显示"键时，由于在定义"显示"键时，将 KEYMPC =1，那么程序就转到 KEYMPC =1 的子程序，因而程序与键盘也就对应起来了。如果再继续按键，与上一层原理一样访问程序次指针 SPC =0。在此程序中又定义了 1 = "显示表值"，2 = "显示地址"等，那么，如果要显示表值，按"1"就可以了，这时在液晶显示器上可以看到煤气表的数值。

　　其他功能："密码"键完成密码修改、地址修改等的原理与显示功能的一样，设防、撤防、紧急求助的原理也与显示功能的一样。

　　**2. 去抖动**　煤气控制器在采集煤气数据、报警、输入键盘值时，均用到了 8 路检测子程序 BITTEST。下面以键盘去抖动为例，具体说明 8 路检测子程序 BITTEST 的执行过程。

　　软件上采用一个 8 路检测子程序：在采样键被按下一个脉冲的周期内，控制器进行两次采样，在对一个脉冲周期内的两次采样进行判断之后，记录有效的脉冲，并滤出错误脉冲。此软件功能用一个 8 路检测子程序 BITTEST 就可以实现。8 路检测子程序流程图如图 11-7 所示。其中，输入寄存器是 BIT_NOW（简称为 BIT_N）、BIT_BEFORE（简称为 BIT_B）、BIT_LAST（简称为 BIT_L），输出寄存器是 BIT_CHANGE_U、BIT_CHANGE_D。

　　程序中用到的 BIT_NOW、BIT_BEFORE、BIT_LAST、BIT_CHANGE_U、BIT_

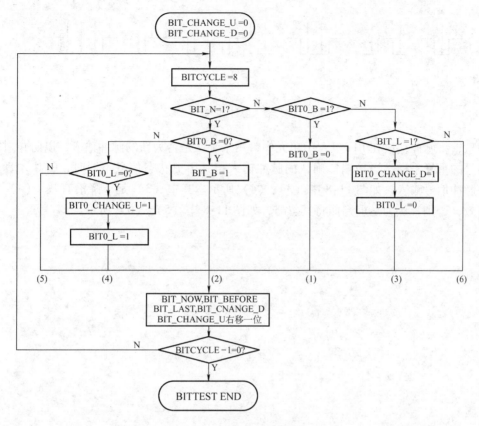

图 11-7  8 路检测子程序流程图

CHANGE_D 是位寄存器，每一位记录的是这次键盘的值。BIT_ CHANGE _ U、BIT _ CHANGE_D 记录了这次采样值，如果脉冲有效则值为 1，无效则为 0。不同的是，BIT_ CHANGE_U 记录的是上升沿，BIT_CHANGE_D 记录的是下降沿。本系统的输入信号均为脉冲信号，包括脉冲表、脉冲探测器和键盘的输入。在脉冲表中输入脉冲，键盘的输入是下降沿有效，因此我们调用完这个 8 路检测子程序之后，获取 BIT_ CHANGE_D 的值，脉冲探测器依具体情况决定是采用上升沿有效的脉冲还是采用下降沿有效的脉冲。如果是上升沿有效，则在调用完这个子程序之后取 BIT_ CHANGE_ U 的值，下降沿取 BIT_ CHANGE_ D 的值。

系统上电开机之后，在初始化程序中对 BIT_BEFORE、BIT_LAST 已经赋值，则这次采样是 BIT_NOW。子程序中在引用完 BIT_BEFORE、BIT_LAST 后，如果这次的值改变，则立即赋予下一采样的 BIT_BEFORE、BIT_LAST 值。

系统工作的前提条件是能够正确无误地判断并采集有效脉冲输入信号（上升沿脉冲或下降沿脉冲）。为此，我们设计了这个通用输入脉冲检测子程序，用来对脉冲输入信号进行确认，以实现去抖动和防误判、重判的功能。输入脉冲的判断逻辑如图 11-8 所示。图 11-8 中的序号是对应 8 路检测子程序的一个分支。

如果某一端口两次采样的结果不同，则会因认为是干扰或抖动而被忽略，如图 11-8 中（1）和（2）所示。如果采样的结果相同，则认为有脉冲输入，接下来根据该端口线的历史

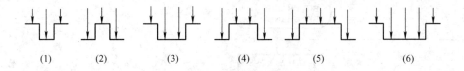

图 11-8　输入脉冲的判断逻辑

状态信息，将脉冲存放在 BIT_LAST 单元中，用来确认是否为新的脉冲输入，以防止对同一脉冲信号的重复采样。当某端口确认的脉冲输入与其历史状态信息不同时，CPU 才真正接受这一脉冲信号输入，如图 11-8 中（3）、（4）所示。其中（3）是下降沿有效，（4）是上升沿有效，否则，认为是重判而将其忽略，如图 11-8 中（5）、（6）所示。

# 第 12 章  液 晶 显 示

　　液晶显示器（Liquid Crystal Display，简称为 LCD）是一种功耗很低的显示器，它的使用范围非常广，如电子表、计算器、数码相机、计算机的显示器和液晶显示电视机等。液晶显示器以其优越的性能，越来越受到各方面的重视，液晶显示器的应用领域也越来越多。

　　在现代的电子设计中，液晶显示模块也应用得越来越多。液晶显示模块是一种集成度比较高的显示组件，它将液晶显示器件、控制器、PCB、背光源和外部连接端口等组装在一起，可以方便地用于需要液晶显示的场合。液晶显示模块的英文名称为 LCD Module，可以简称为 LCM。

## 12.1　液晶显示简介

　　**1. 液晶的来源**　最常见的物质有固态、液态和气态 3 种形态。除此之外，还有一些特殊的物质形态被发现。1888 年，澳大利亚植物学家莱尼茨尔（Reinitzer）在研究植物中胆固醇的作用时，用胆甾基苯进行试验，无意间发现了液晶，但之后一直没有进入实际的应用。液晶的实际应用直到 20 世纪 50 年代才开始。

　　液晶，顾名思义，就是固液态之间的一种中间类状态。液晶的成分是一种有机化合物，在一定的温度范围内，它既具有液体的流动性、黏度、形变等性质，又具有晶体的热（热效应）、光（光学各向异性）、电（电光效应）、磁（磁光效应）等物理性质。光线穿透液晶的路径由其分子排列所决定。人们发现，给液晶充电会改变它的分子排列，继而造成光线的扭曲或折射。

　　按照分子结构排列的不同，液晶分为 3 类：

　　（1）晶体颗粒为黏土状的称为近晶相（Smectic Phase）液晶。

　　（2）晶体颗粒类似细火柴棒的称为向列相（Nematic Phase）液晶。

　　（3）晶体颗粒类似胆固醇状的称为胆甾相（Cholestic Phase）液晶。

　　这 3 种液晶的物理特性都不尽相同。目前，用于液晶显示器的是向列相液晶。

　　**2. LCD 结构及原理**　LCD 是一种被动显示器。它本身不发光，而是通过调节光的亮度来达到显示效果。LCD 主要利用液晶的扭曲—向列效应制成。这是一种电场效应，只有认识了它的结构和原理，了解它的技术和工艺特点后，才能在选购时有的放矢，并且在应用和维护时才能更加科学合理。

　　液晶是一种有机复合物，由长棒状的分子构成。在自然状态下，这些棒状分子的长轴大致平行。LCD 大致有以下两个结构和功能上的特点：

　　（1）必须将液晶灌入两个列有细槽的平面之间才能正常工作，这两个平面上的槽互相垂直（90°相交）。也就是说，一个平面上的分子若南北向排列，那么另一平面上的分子则东西向排列，而位于两个平面之间的分子就会被强迫进入一种 90°扭转的状态。由于光线顺着分子的排列方向传播，所以光线经过液晶时也被扭转 90°。但当液晶上加一个电压时，分子便会重新垂直排列，使光线能直射出去，而不发生任何扭转。

（2）它依赖极化滤光片和光线本身。自然光线是朝四面八方随机发射的。极化滤光片实际上是一系列越来越细的平行线，这些线形成一张网，阻断不与这些线平行的所有光线。极化滤光片的线正好与极化了的光线垂直，所以能完全阻断那些已经极化了的光线。只有两个滤光片的线完全平行，或者光线本身已扭转到与第二个极化滤光片相匹配时，光线才得以穿透。LCD 正是由这样两个相互垂直的极化滤光片构成的，所以在正常情况下应该阻断所有试图穿透的光线。但是，由于两个滤光片之间充满了扭曲液晶，所以在光线穿出第一个滤光片后，会被液晶分子扭转 90°，最后从第二个滤光片中穿出。另一方面，若为液晶加一个电压，分子又会重新排列并完全平行，使光线不再扭转，所以正好被第二个滤光片挡住。总之，加电会将光线阻断，不加电则会使光线射出。当然，也可以改变 LCD 中的液晶排列，使光线在加电时射出，而在不加电时被阻断。由于液晶屏幕几乎总是亮着的，所以只有加电将光线阻断的方案才能达到最省电的目的。

**3. 液晶显示模块的种类**　在液晶显示模块中，最主要的就是 LCD 液晶屏。根据 LCD 液晶屏显示内容的不同，液晶显示模块可以分为数显液晶模块、点阵字符液晶模块和点阵图形液晶模块 3 种。

（1）数显液晶模块中的显示部件是段型 LCD 液晶显示器件。其中，为了使用的方便，数显液晶模块还集成了专用的控制器和其他集成电路，但只能显示数字以及一些标志符号。

（2）点阵字符液晶模块的显示部件是点阵字符液晶显示器件，同样，集成有专用的行、列驱动器、控制器及必要的连接件、结构件等。这种液晶模块可以显示数字和西文字符，相比数显液晶模块功能有所提高，但是不能显示图形。

（3）点阵图形液晶模块的液晶显示部件是由连续的点阵像素构成的，因此，它不仅可以显示字符，而且可以显示连续、完整的图形。

在这 3 种液晶显示模块中，点阵图形液晶模块的功能最完善，既能显示数字、字符，又能显示任意的汉字和图形等。其实，每种液晶模块各有其用途，数显和字符液晶模块虽然功能少，但其成本低，适用于不需要图形显示的地方。

在选择点阵图形液晶模块时，按照驱动方式的不同有以下 3 种类型可供选择。

（1）行、列驱动型：模块只装配通用的行、列驱动器。这种驱动器实际上只是对像素的一般驱动输出端，因而使用这种液晶模块的时候，还需要外接专用的控制器。

（2）行、列驱动—控制型：这种液晶模块所用的列驱动器具有 I/O 总线数据接口，可以将模块直接连接到计算机的总线上，依靠计算机控制驱动，省去了专用控制器。

（3）行、列控制型：这种液晶模块内置控制器。控制器是液晶驱动器与计算机或单片机的接口，它以最简单的方式受控于计算机或单片机。这种液晶模块具有自己的一套专用指令，并具有自己的字符发生器 CGROM。这种类型的液晶显示模块应用最为广泛。

这里所说的液晶显示模块是单色液晶，现在还有一些彩色液晶模块和触摸屏液晶模块，价格比较高，使用比较复杂，这里不作具体介绍。

**4. 液晶显示模块的优点**　液晶作为显示设备具有很多优势，主要表现在以下几个方面：

（1）没有电磁辐射。液晶显示模块的先天特点决定了其没有电磁辐射，这个优点使液晶电视机和计算机的显示器都得到了广泛推广。

（2）显示品质高。由于液晶显示模块每一点在收到信号后就一直保持这种色彩和亮度，恒定发光，不像有些显示设备需要不断刷新亮点。因此，液晶显示模块色质高而不会闪烁，把眼睛疲劳降到了最低。

（3）体积小，重量轻。液晶显示模块通过显示屏上的电极控制液晶分子状态，以达到显示的目的，在重量上比相同显示面积的传统显示器件要轻得多。

（4）数字式接口。液晶显示模块都是数字式的，和单片机相连的接口十分简单，操作也十分方便。

（5）功率消耗小。液晶显示模块的功耗主要在其内部的电极和驱动芯片上。因而，对于相同的显示面积，液晶显示模块的耗电量比其他显示器件要小得多。

（6）应用范围广。液晶显示模块的特点是点阵图形液晶模块可以显示数字、字符、汉字和图形等。

## 12. 2　煤气控制器液晶显示

设置在楼宇控制中心的中央主机，对各单元抄表和安防进行中央集中管理。中央主机需要与各个单元进行信息交流，例如中央主机抄表巡检到某个单元的煤气消耗量有异常情况时，及时通知用户以防出现浪费或者管道泄漏等异常情况。另外，它还将煤气消耗量每月汇总之后，催交煤气费用等。鉴于以上情况，在主机与各煤气控制器之间设计了汉字短信息发布的功能，很好地解决了主机与分散到各个单元的煤气控制器之间的信息交流问题。

### 1. 液晶汉字显示原理

（1）汉字的区位码。1980 年，我国公布了《信息交换用汉字编码字符集　基本集》（GB 2312—1980）。国家标准的汉字字符集在汉字操作系统中是以汉字库的形式提供的。汉字库结构作了统一规定，即将字库分成 94 个区，每个区有 94 个汉字（以位作区别），每一个汉字在汉字库中有确定的区和位编号（用两个字节），这就是所谓的区位码。区位码的第一个字节表示区号，第二个字节表示位号，因而只要知道了区位码，就可知道该汉字在字库中的地址。每个汉字在字库中是以点阵字模形式存储的，如一般采用 16 × 16 点阵形式，每个点用一个二进位表示，存"1"的点，当显示时，可以在屏上显示一个亮点，存"0"的点，则在屏上不显示，这样把存储某字的 16 × 16 点阵信息直接用来在显示器上按上述原则显示，就会出现对应的汉字。"大"字的 16 × 16 点阵字模如图12-1 所示。当用存储单元存储该字模信息时，将需要 32 个字节地址。如"大"的区位码为 2083，它表示该字字模在字符集的第 20 区的第 84 个位置。

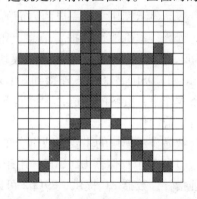

图 12-1　"大"字的 16 × 16 点阵字模

（2）汉字的内码。在计算机内，英文字符用一个字节的 ASCII 代码表示，该字节最高位一般用作奇偶校验，故实际上是用 7 位码来表示 128 个字符。但对于众多的汉字，只有用两个字节才能代表，这样用两个字节的代码表示一个汉字的代码体制，国家制定了统一标准，称为国标码。国标码规定，组成两字节代码的各字节的最高位均为 0，即每个字节仅只使用 7 位。这样在机器内使用时，由于英文的 ASCII 码也在使用，可能会将国标码看成两个

ASCII 码，因而规定，用国标码在机内表示汉字时，将每个字节的最高位置"1"，以表示该码表示的是汉字。这些国标码每个字节最高位置"1"后的代码称为机器内的汉字代码，简称为内码。

当用键盘进行汉字输入时，则由键盘管理模块将通过键盘输入的汉字输入码转换为内码，再由内码转换成区位码找到汉字字库的汉字，进而进行显示。

按汉字在字库中所处区和位的代码表示一个汉字的码称为区位码。由于区位码和内码存在着一种对应关系，因而知道了某汉字的内码，即可确定出对应的区位码，知道了区位码，就可找出该汉字字模在字库中存放的地址，由此地址调出该汉字的 32 个字节内容（字模）进行显示，就可显示出 16 × 16 点阵组成的汉字。英文与汉字所不同的是，英文字母只要使用一个字节就可以完全表达，中文字无法使用一个字节将所有的字符予以表达完全，因此，使用两个字节来代表这些两个字节的字符。

按照同样的道理，煤气控制器接收中央主机传输的内码，将内码存入 24C16 中，如果要显示短信息，则从 24C16 中调出相应的内码，送给相应的液晶寄存器，液晶寄存器本身将内码转换成区位码找到汉字字库的字模，然后进行显示。

**2. 液晶显示模块的连接**　单片机的引脚资源有限，液晶显示部分采用串行接口进行数据传输，即将液晶显示模块的传输同步时钟（SCLK）接到 89C52 的 P2.4 端口，接收串行数据线（SID）接到 89C52 的 P2.5 端口，液晶的片选信号（CS）接到 89C52 的 P2.6 端口。这样就完成了主控制系统 89C52 与液晶显示器串行数据传输方式的连接。

煤气控制器的显示部分采用字符型液晶显示模块。字符型液晶显示模块是一类专用于显示字母、数字、符号等的点阵型液晶显示模块。之所以称为字符型液晶显示模块，是因为其液晶显示器件的电极图形是由若干个点阵组成的字符块集，每一个字符块是一个字符位，每一位都可以显示一个字符，字符位之间空有一个点距的间隔，起着字符间距和行间距的作用。

液晶显示模块主要完成两方面的显示功能：一方面显示来自键盘的命令，例如显示煤气表的读数、本机地址、报警信息、密码等；另一方面显示 PC 主机的短信息发布。考虑到 89C52 端口线的资源问题，液晶模块与控制器采用串行三线制。分别将液晶模块的 LCD-SCLK、LCDSID、LCDCS 连接到 89C52 的 P2.4、P2.5、P2.6 端口上。在串行模式下，使用两条线作串行资料的传送，主控制系统将配合同步时钟 SCLK 与接收串行数据线 SID 来完成串行传输动作。

液晶显示模块的主要组成部分如下：

（1）显示存储器 DDRAM，用于存储当前所要显示字符的字符代码。DDRAM 的地址由地址指针计数器 AC 提供，89C52 可以对 DDRAM 进行读/写操作，DDRAM 各单元对应着显示屏上的各字符位。

（2）地址指针计数器 AC，是可读写计数器，也是 DDRAM 地址指针计数器，指示当前 DDRAM 地址。当 89C52 进行读写操作时，地址指针计数器 AC 自动进行修改。液晶显示模块的液晶屏幕为 122 × 32，可显示两行，每行可显示 7.5 个汉字。DDRAM 地址指针的范围为：第一行 AC 的范围为 80H ~ 87H，第二行的范围为 90H ~ 97H。

（3）字符发生器，一种 CGROM，即固化好的字模库，89C52 只要写入某个字符的代码，就以其作为字模库的地址将该字符输出给驱动器显示。液晶显示模块的字形 ROM 内含

8192 个 16×16 点中文字形和 128 个 16×8 半宽的字母符号字形。

让液晶按照要求显示数据内容，就要给它发命令或数据，它就会按照要求来显示。那么 89C52 是如何将数据或命令写入液晶显示器并显示数据的呢？

89C52 向数据寄存器通道写入数据，液晶显示器根据当前地址指针计数器 AC 值的属性及数值将该数据送入相应的存储器内。如果 AC 值为 DDRAM 地址指针，则认为写入的数据为字符代码，并将其送入 DDRAM 内 AC 所指的单元里。89C52 在写入数据操作之前要先设置地址指针，在写入数据后，地址指针计数器 AC 将根据最近设置的输入方式自动修改。例如：当前 AC 赋值为 80H～87H，那么接下来送入的数据将会被认为是字符代码而被送入 DDRAM 内 AC 所指的单元里，根据字符代码将在第一行显示字符；若 AC 赋值为 90H～97H，则液晶在第二行相应的位置显示字符。

本设计用的是串行连接方式，从一个完整的串行传输流程来看，一开始先传输起始位，它需先接收 5 个连续的"1"作为起始位元组，此时传输计数将被重置，并且串行传输将被同步，再跟随两个分别指示传输方向位（RW）及暂存器选择位（RS），最后第八位则为"0"。RW、RS 的值仍然由 SCLK、SID 传送。

在接收到起始位元组后，每个指令/数据将分两组进行接收：较高 4 位元（DB7～DB4）的指令资料将会被放在第一组的 LSB 部分，而较低 4 位元（DB3～DB0）的指令资料则会被放在第二组的 LSB 部分，至于相关的另 4 位则都是"0"。写数据和指令的区别为：写指令时 RW=0，RS=0；写数据时 RW=0，RS=1。根据以上的传输流程可以编制写命令/数据子程序。在液晶初始化和显示字符时，可以直接调用写命令/数据子程序，以完成与液晶模块的传输。

掌握了液晶的工作原理之后，可以通过指令来让液晶按照要求显示内容。

**3. 液晶显示初始化**　液晶在使用之前一定要进行初始化，即选择基本指令、设置基本模式、开液晶、清屏、进入点设定。

（1）清屏：将空码写入 DDRAM 的全部单元内，并设定 DDRAM 的位置指针 AC=0。

（2）进入点设定：指定在资料的读取与写入时游标的移动方向及指定显示的移位。

（3）设置延时：将指令送给寄存器，然后调用写指令子程序将初始化命令逐条写入液晶模块。每条初始化指令之间有适当的延时，因为模块内部没有传送接收缓冲区，必须确定等到一个指令完全执行完成才能传送下一个指令。

初始化结束之后，通过设定 DDRAM 地址指针 AC 的值，可以指定字符在液晶屏幕上的显示位置。将要显示字符的字符发生器的对应字符码用写数据命令写入液晶模块，则液晶显示器就会按照要求完成显示动作。

# 第13章 容错与数据安全

单片机看门狗的作用就是防止程序发生死循环，或者说程序跑飞。瞬间掉电存储数据是工业或民用设备一个重要的功能。例如生产流水线的自动出品计数、开关寿命检测仪器等，这些都要记录临时数据，有些甚至不允许漏掉一个数据，更不允许因突然停电而丢失全部数据。单片机运行时的数据都存储在 RAM（随机存储器）中，在掉电后，RAM 中的数据是无法保留的，那么怎样才能使数据在掉电后不丢失呢？这就需要通过 EEPROM 或 FLASHROM 等存储器来实现。在单片机系统中，一般是在片外扩展存储器，单片机与存储器之间通过 I²C 或 SPI 等接口来进行数据通信。煤气控制器通过 I²C 接口来进行数据通信，并与 EEPROM存储器连接来实现数据掉电保护。

## 13.1 看门狗电路

看门狗（Watch Dog Timer，简称为 WDT）是一个定时器电路，一般有软件看门狗和硬件看门狗两种。软件看门狗不需外接硬件电路，但系统需要出让一个定时器资源，这在许多系统中很难办到，而且若系统软件运行不正常，可能导致看门狗系统瘫痪。硬件看门狗是真正意义上的程序运行监视器，如计数型的看门狗电路通常由 555 多谐振荡器、计数器以及一些电阻、电容等组成。分立元件组成的系统电路较为复杂，运行不够可靠。

看门狗电路一般有一个输入和一个输出，输入称为"喂狗"，输出则是输出到单片机的 RST 端。单片机正常工作时，每隔一段时间输出一个信号到"喂狗"端，给 WDT 清零。如果超过规定的时间不"喂狗"（一般在程序发生死循环时），WDT 就回给一个复位信号到单片机，使单片机复位，防止单片机死机。看门狗的作用就是防止程序发生死循环。

看门狗是恢复系统正常运行及有效的监视管理器，对于锁定光驱以及锁定任何指定程序具有很好的应用价值。

**1. 硬件看门狗电路** 硬件看门狗是利用了一个定时器来监控主程序的运行，也就是说在主程序的运行过程中，我们要在定时时间到之前对定时器进行复位，如果出现死循环，或者说 PC 指针不能回来，那么定时时间到后就会使单片机复位。常用的 WDT 芯片有 MAX706、MAX813、IMP813 等。煤气控制器采用硬件看门狗电路，如图 13-1 所示。

在煤气控制器中，系统运行以后也就起动了看门狗的计数器，看门狗就开始自动计数，如果到了一定的时间还不去清看门狗，那么看门狗计数器就会溢出，从而引起看门狗中断，造成系统复位。所以在使用有看门狗的芯片时，要注意清看门狗。在煤气控制器的延时软件中，有及时"喂狗"和"清狗"程序语句。下面以延时程序为例进行详细说明。

由图 13-1 可看出，看门狗电路的输入与 89C52 的 INT1（P3.3）端口连接，所以单片机程序中"喂狗"电路是通过控制 INT1（P3.3）端口来实现的。在程序的端口定义端有一条语句"WATCHDOG BIT P3.3"，这样在延时 5μs 的电路中直接对 WATCHDOG 进行操作，相当于对 INT1（P3.3）端口操作，"喂狗"和"清狗"语言可以通过对 WATCHDOG 操作

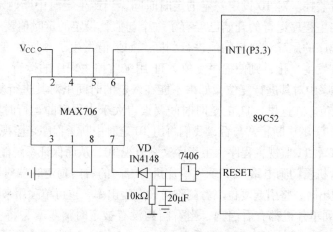

图 13-1 煤气控制器硬件看门狗电路

来实现。这里以延时 $5\mu s$ 和延时 $10\mu s$ 程序为例,具体程序如下:

```
; 延时 5μs
DELAY5U:      CLR    WATCHDOG;清看门狗
              NOP
              SETB   WATCHDOG;喂看门狗
              NOP
              CLR    WATCHDOG;清看门狗
DELAY5UEND:RET


; 延时 10μs
DELAY10U:     NOP
              NOP
              NOP
              NOP
              NOP
              NOP
              NOP
              NOP
              CLR    WATCHDOG;清看门狗
              NOP
              SETB   WATCHDOG;喂看门狗
              NOP
              CLR    WATCHDOG;清看门狗
DELAY10UEND:RET
```

**2. 软件看门狗电路** 软件看门狗技术的原理和硬件看门狗差不多,只不过是用软件的方法来实现的。在 51 系列单片机中一般有两个定时器 T0 和 T1,可以用这两个定时器来对主程序的运行进行监控。对 T0 设定一定的定时时间，当产生定时中断时对一个变量进行赋值，而这个变量在主程序运行的开始已经有了一个初值，设定的定时值要小于主程序的运行时间。这样在主程序的尾部对变量的值进行判断，如果值发生了预期的变化，就说明 T0 中断正常；如果没有发生变化，则使程序复位。T1 用来监控主程序的运行，给 T1 设定一定的定时时间，在主程序中对其进行复位，如果不能在一定的时间里对其进行复位，T1 的定时中断就会使单片机复位。在这里，T1 的定时时间要设得大于主程序的运行时间，以给主程序留有一定的余量。而 T1 的中断正常与否，我们再由 T0 定时中断子程序来监视。这样就构成了一个循环，T0 监视 T1，T1 监视主程序，主程序又来监视 T0，从而保证系统能够稳定运行。

**3. 51 系列单片机看门狗电路**　51 系列单片机有专门的看门狗定时器对系统频率进行分频计数，当定时器溢出时，将引起复位。看门狗可设定溢出率，也可单独用来作为定时器使用。

大多数 51 系列单片机都有看门狗，当看门狗没有被定时清零时，将引起复位，这样可防止程序发生死循环。设计者必须清楚看门狗的溢出时间，以决定在合适的时候清看门狗。清看门狗也不能太过频繁，否则会造成资源浪费。程序正常运行时，软件每隔一定的时间（小于定时器的溢出周期）给定时器置数，即可预防溢出中断而引起的误复位。

## 13.2　数据掉电保护

### 13.2.1　AT24C 系列 I²C 总线接口 EEPROM

**1. 芯片引脚介绍**　AT24C 系列串行 EEPROM 具有 I²C 总线接口功能，电源电压宽（2.5 ~ 2.6V），工作电流约为 3mA，静态电流随电源电压不同为 30 ~ 110μA。其型号多，容量大，占用单片机 I/O 端口少，芯片扩展方便，读写简单。根据不同型号，其参数见表 13-1。

**表 13-1　AT24C 系列串行 EEPROM 参数**

| 型号 | 容量/B | 一次装载字节数/B |
|---|---|---|
| AT24C01 | 128 × 8 | 4 |
| AT24C02 | 256 × 8 | 8 |
| AT24C04 | 512 × 8 | 16 |
| AT24C08 | 1024 × 8 | 16 |
| AT24C16 | 2048 × 8 | 16 |

AT24C 系列串行 EEPROM 有多种封装形式，以 8 引脚双列直插式为例，芯片引脚如图 13-2 所示。

各引脚功能如下：

（1）SDA：串行数据输入/输出端，为串行双向数据输入/输出线。

（2）SCL：串行时钟端，该信号用于对输入和输出数据同步。

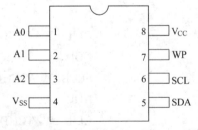

图 13-2　AT24C 系列串行 EEPROM 引脚

（3）WP：写保护，用于硬件数据保护。当其接地时，可以对整个存储器进行正常的读/写操作，当其接高电平时，芯片具有数据写保护功能。

（4）A0 ~ A2：片选或页面选择地址输入。

（5）V$_{CC}$：电源端。

（6）V$_{SS}$：接地端。

**2. 芯片寻址和芯片内存单元寻址**

（1）芯片寻址：对于 EEPROM 容量小于 256B 的芯片（例如 AT24C01/02），8 位片内寻址（A0 ~ A7）即可满足要求。对于容量大于 256B 的芯片（例如 AT24C16），8 位片内寻址范围不够，其寻址范围为 11 位，即 $2^{11} = 2048$。若以 256B 为 1 页，则多于 8 位的寻址视为页面寻址。例如，24C16 将 A2、A1、A0 作为页地址 P0、P1、P2。

24C16 的芯片寻址控制字节格式见表 13-2。

表 13-2　24C16 的芯片寻址控制字节格式

| 型号 | 容量/B | 特征码 | | | 芯片地址/页地址 | | | 读/写控制 | |
|---|---|---|---|---|---|---|---|---|---|
| | | D7 | D6 | D5 | D4 | D3 | D2 | D1 | D0 |
| 24C16 | 2048 | 1 | 0 | 1 | 0 | P2 | P1 | P0 | R/W |

（2）芯片内存单元寻址：在读/写操作中，除了确定芯片地址（片选）外，还要对 24C16 内部单元进行寻址。24C16 的片内单元为页寻址方式，页地址包含在控制字节中，每页有 256B。页地址最多为 3 位（P0 ~ P2），故最多寻址 8 页。

在单片机发出起始信号后，紧接着发出内含页地址的控制字节，当 24C16 发回一个应答位后，单片机紧接着发出对应页的 8 位片内单元地址，待 24C16 发回一个应答位以后，就进行读/写操作。

## 13.2.2　24C16 读写操作

**1. 读操作**　读操作分为 3 种，即读当前地址存储单元的数据，读指定地址存储单元的数据，读连续存储单元的数据。

（1）读当前地址存储的数据。EEPROM 的内部数据存储单元地址计数器记录操作地址，该地址是在上一次读或写操作时，最后一个被访问存储单元的下一个单元的地址。如果芯片不断电，该地址在操作中就一直是有效的。当单片机发出读数据时，并且 EEPROM 发回应答信号，当前地址所指向存储单元的数据就被串行输出。

（2）随机读（指定地址）存储单元的数据。单片机发出读数据开始信号，然后发送读/写控制字，这时单片机发送要读数据所在的 EEPROM 地址，如果 EEPROM 发出应答信号，则记录存储单元的当前地址。单片机再次发送读数据开始信号，并发送芯片地址和读/写控制字信号，如果 EEPROM 发出应答信号，随后便串行输出数据。单片机读完数据之后，发回非应答信号和一个停止信号。在煤气控制器程序中，将读 24C16 中随机字节的程序放入一个 R24C16 子程序中，当 89C52 单片机读取 24C16 中的数据时，调用 R24C16 子程序即可。随机字节读的程序如下：

```
;随机字节读 24C16
R24C16：  NOP
RSTART： CLR  ESCL
         NOP
```

```
        NOP
        SETB    ESDA
        NOP
        SETB    ESCL                ; 启动 START
        NOP
        CLR     ESDA
        NOP
        CLR     ESCL
; 写 8 位控制字 1#
        MOV     A, #10100010B       ; DEVICE ADDRESS
        MOV     R7, #08H
READ1:  RLC     A
        MOV     ESDA, C             ; A7
        NOP
        SETB    ESCL
        NOP
        CLR     ESCL
        NOP
        DJNZ    R7, READ1
        SETB    ESCL                ; 应答 ACK FROM 24C16
        NOP
        MOV     C, ESDA
        JC      RERR
        CLR     ESCL
        NOP
; 写 8 位地址
        MOV     R7, #08H            ; ADDRESS
        MOV     A, RDATAADR
READ2:  RLC     A
        MOV     ESDA, C
        NOP
        SETB    ESCL
        NOP
        CLR     ESCL
        NOP
        DJNZ    R7, READ2
        SETB    ESCL                ; 应答 ACK FROM 24C16
        NOP
        MOV     C, ESDA
```

```
          JC    RERR
          CLR   ESCL
          NOP
          CLR   ESCL
          NOP
          NOP
          SETB  ESDA
          NOP
          SETB  ESCL                ; ANOTHER START
          NOP
          CLR   ESDA
          NOP
          CLR   ESCL
; 写控制字 2#
          MOV   A, #10100011B       ; DEVICE ADDRESS2
          MOV   R7, #08H
READ3:    RLC A
          MOV   ESDA, C             ; A7
          NOP
          SETB  ESCL
          NOP
          CLR   ESCL
          NOP
          DJNZ  R7, READ3
          SETB  ESCL                ; 应答 ACK FROM 24C16
          NOP
          MOV   C, ESDA
          JC    RERR
          CLR   ESCL
          NOP
; 读 8 位数据
          MOV   R7, #08H            ; RDATA
          MOV   A, #03h
READ4:    MOV   C, ESDA
          NOP
          SETB  ESCL
          NOP
          CLR   ESCL
          NOP
```

```
            RLC    A
            DJNZ   R7, READ4
            MOV    RDATA, A
            LJMP   R24END
RERR:       SETB   ERRFLAG
R24END:     SETB   ESDA              ; 非应答 NO ACK
            NOP
            SETB   ESCL
            NOP
            CLR    ESCL
            NOP
            CLR    ESDA              ; 发送结束 STOP
            NOP
            SETB   ESCL
            NOP
            SETB   ESDA
            NOP
            CLR    ESCL
            NOP
            RET
```

（3）读连续地址存储单元的数据。读连续数据可以从当前地址开始，也可以从一个指定的单元地址开始。单片机读取一个字节数据之后，如果发送一个应答信号给 EEPROM，EEPROM 收到应答信号，会对存储单元的地址加 1，并继续顺序输出数据给单片机，直到收到单片机的非应答信号，再收到一个停止位，单片机便停止读连续地址存储单元的数据。对于具有分页寻址的 AT24C16，连续读时不能超过页内的 256B。这种连续读地址的方式称为页读。煤气控制器将读 24C16 的连续数据放到 PR24C16 的子程序中，单片机中遇到读连续数据时，直接调用该子程序即可。

页读的流程为：启动→写控制字→应答→写地址→应答→读数据（共读 $N$ 个数据）→结束。页读的程序如下：

```
; 页读 24C16
; 输入 24C16 起始地址 RDATAADR
; RAM 起始地址 RAM_ADR
; 读入数量 RDATA_NO
PR24C16:    NOP
            MOV    R0, RAM_ADR
PRSTART:    CLR    ESCL
            NOP
            NOP
            SETB   ESDA
```

```
            NOP
            SETB   ESCL
            NOP
            CLR    ESDA              ; START
            NOP
            CLR    ESCL
; 写控制字 1#
            MOV    A, #10100010B     ; DEVICE ADDRESS
            MOV    R7, #08H
PREAD1：RLC    A
            MOV    ESDA, C           ; A7
            NOP
            SETB   ESCL
            NOP
            CLR    ESCL
            NOP
            DJNZ   R7, PREAD1
            SETB   ESCL              ; 应答 ACK FROM 24C16
            MOV    C, ESDA
            JC     PRERR
            NOP
            CLR    ESCL
            NOP
; 写地址
            MOV    R7, #08H          ; ADDRESS
            MOV    A, RDATAADR
PREAD2：RLC    A
            MOV    ESDA, C
            NOP
            SETB   ESCL
            NOP
            CLR    ESCL
            NOP
            DJNZ   R7, PREAD2
            SETB   ESCL              ; 应答 ACK FROM 24C16
            MOV    C, ESDA
            JC     PRERR
            NOP
            CLR    ESCL
```

```
            NOP
            CLR    ESCL
            NOP
            NOP
            SETB   ESDA
            NOP
            SETB   ESCL
            NOP
            CLR    ESDA              ; ANOTHER START
            NOP
            CLR    ESCL
; 写控制字 2#
            MOV    A, #10100011B     ; DEVICE ADDRESS2
            MOV    R7, #08H
PREAD3：RLC    A
            MOV    ESDA, C           ; A7
            NOP
            SETB   ESCL
            NOP
            CLR    ESCL
            NOP
            DJNZ   R7, PREAD3
            SETB   ESCL              ; 应答 ACK FROM 24C16
            MOV    C , ESDA
            JC    PRERR
            NOP
            CLR    ESCL
            NOP
; 读 8 位数据
PREAD4S：MOV    R7, #08H           ; RDATA
            MOV    A, #00H
PREAD4：MOV    C, ESDA
            NOP
            SETB   ESCL
            NOP
            CLR    ESCL
            NOP
            RLC    A
            DJNZ   R7, PREAD4
```

```
                    MOV    @R0, A
                    INC    R0
                    DJNZ   RDATA_NO, TOPREAD4
                    LJMP   PR24END
          ；应答后，读下一字节数据
          TOPREAD4：CLR    ESCL
                    NOP
                    CLR    ESDA ；MAIN_ACK
                    NOP
                    SETB   ESCL
                    NOP
                    NOP
                    CLR    ESCL
                    NOP
                    SETB   ESDA
                    LJMP   PREAD4S
          PRERR：   SETB   ERRFLAG
          PR24END： SETB   ESDA ；非应答 NO ACK
                    NOP
                    SETB   ESCL
                    NOP
                    CLR    ESCL
                    NOP
                    CLR    ESDA ；结束 STOP
                    NOP
                    SETB   ESCL
                    NOP
                    SETB   ESDA
                    NOP
                    CLR    ESCL
                    NOP
                    LCALL  DELAY10M
                    RET
```

**2. 写操作**　　写操作分为字节写和页写两种方式。

（1）字节写。字节写是指单片机发送 1B 数据到 EEPROM。单片机发送开始信号后，紧接着发送芯片寻址控制字节到 SDA 总线上，当 EEPROM 芯片发回一个应答信号后，单片机收到应答信号便发出 1B 的存储单元地址码，写入 EEPROM 片内的地址指针。当单片机接收到 EEPROM 发回的一个应答位后，才将发送的 1B 数据写入 EEPROM，并把数据暂存到数据缓冲器中。EEPROM 再一次发出应答信号，单片机便产生停止信号 P 来结束写操作。在煤气控制器中，字节写的程序放在 W24C16 子程序中，每当单片机将 1B 的数据写入 24C16 时，即调用 W24C16 程序。字节写的程序如下：

```
        ; 字节写 24C16
W24C16:     NOP
WSTART:     CLR    ESCL
            NOP
            NOP
            SETB   ESDA            ; START
            NOP
            SETB   ESCL
            NOP
            CLR    ESDA
            NOP
            CLR    ESCL
        ; 写 8 位控制字
            MOV    A, R3, #10100010B
            MOV    R7, #08H
SEND1:      RLC    A
            MOV    ESDA, C
            NOP
            SETB   ESCL
            NOP
            CLR    ESCL
            NOP
            DJNZ   R7, SEND1
            SETB   ESCL            ; 应答 ACK FROM 24C16
            MOV    C, ESDA
            JC     ERR
            NOP
            CLR    ESCL
            NOP
        ; 写地址
            MOV    R7, #08H        ; ADDRESS
            MOV    A, WDATAADR
SEND2:      RLC    A
            MOV    ESDA, C
            NOP
            SETB   ESCL
            NOP
            CLR    ESCL
            NOP
```

```
            DJNZ    R7, SEND2
            SETB    ESCL                ; 应答 ACK FROM 24C16
            MOV     C, ESDA
            JC      ERR
            NOP
            CLR     ESCL
            NOP
; 写 8 位数据
            MOV     R7, #08H
            MOV     A, WDATA
SEND3:      RLC     A
            MOV     ESDA, C
            NOP
            SETB    ESCL
            NOP
            CLR     ESCL
            NOP
            DJNZ    R7, SEND3
            SETB    ESCL                ; 应答 ACK FROM 24C16
            MOV     C, ESDA
            JC      ERR
            NOP
            CLR     ESCL
            NOP
ERR:        SETB    ERRFLAG
W24END:     CLR     ESDA                ; 发送结束 STOP
            NOP
            SETB    ESCL
            NOP
            SETB    ESDA
            NOP
            CLR     ESCL
            NOP
            LCALL   DELAY10M
            RET
```

(2) 页写。单片机发送 EEPROM 单元首地址和 $N$ 个字节数据到 EEPROM 后，再发出开始信号，接着发出控制字节。在第 9 个时钟周期，EEPROM 发回一个应答位，然后单片机送出要寻址的 EEPROM 单元的首地址，并存入 EEPROM 片内地址指针。EEPROM 每接收到 8 位数据，就产生一个应答位，并把接收的数据顺序地存放在片内数据缓冲器中，直到单片机发出停止信号为止。这种将接收的数据连续顺序地存放到片内的方式称为页写。煤气控制器的单片机将连续数据以页写的方式写入 24C16 中时，调用 PW24C16 子程序。

页写的流程为：启动→写控制字→应答→写地址→应答→写数据（共写 $N$ 个数据）→结束。

```
        ; 页写 24C16
        ; 输入 24C16 起始地址 WDATAADR
        ; RAM 起始地址 RAM _ ADR
        ; 写入数量 WDATA   NO
PW24C16： NOP
PWSTART： CLR   ESCL
         NOP
         NOP
         SETB  ESDA              ; START BIT
         NOP
         SETB  ESCL
         NOP
         CLR   ESDA
         NOP
         CLR   ESCL
         MOV   A, #10100010B    ; 写页面 1
         MOV   R7, #08H
PSEND1：  RLC   A
         MOV   ESDA, C
         NOP
         SETB  ESCL
         NOP
         CLR   ESCL
         NOP
         DJNZ  R7, PSEND1
         SETB  ESCL
         NOP
         MOV   C, ESDA          ; ACK1
         JC    PERR
         CLR   ESCL
         NOP
         MOV   R7, #08H         ; ADDRESS
         MOV   A, WDATAADR
PSEND2：  RLC   A
         MOV   ESDA, C
```

```
                NOP
                SETB    ESCL
                NOP
                CLR     ESCL
                NOP
                DJNZ    R7, PSEND2
                SETB    ESCL            ; ACK2
                NOP
                MOV     C, ESDA
                JC      PERR
                CLR     ESCL
                NOP
; 写数据
                MOV     R7, #08H
                MOV     R0, RAM _ ADR
PW24C16 _ L: MOV    A, @ R0
PSEND3:         RLC     A
                MOV     ESDA, C
                NOP
                SETB    ESCL
                NOP
                CLR     ESCL
                NOP
                DJNZ    R7, PSEND3
                SETB    ESCL            ; ACK3
                NOP
                MOV     C, ESDA
                JC      PERR
                CLR     ESCL
                NOP
; 共写 WDATA _ NO 个字节
                INC     R0
                MOV     R7, #08H
                DJNZ    WDATA _ NO, PW24C16 _ L
                LJMP    PW24END
PERR:           SETB    ERRFLAG
PW24END:        CLR     ESDA            ; 发结束位 STOP
                NOP
                SETB    ESCL
```

```
        NOP
        SETB    ESDA
        NOP
        CLR    ESCL
        NOP
        LCALL    DELAY10M
        RET
```

## 13.3　煤气控制器容错与数据安全措施

采用 MAX706 作为系统看门狗电路，可有效地防止程序进入死循环，但是，当系统掉电时并不能保证 24C16 中的数据安全，这是单片机系统最头痛的问题。经过分析，整个程序运行的时间周期为 22.5ms，恰好解决了键盘和传感器触点抖动的问题。

读写 24C16 的时间大约是 600μs，占整个程序运行时间的 3% 左右。假设恰好在读写 24C16 的时候系统掉电，则数据的安全将不能保证。改进电路的设计，加入掉电保护电路固然可行，但是会增加系统成本。经过对 24C16 功能的仔细研究，最终找到了可行的办法。煤气控制器与 24C16 硬件的连接如图 13-3 所示。

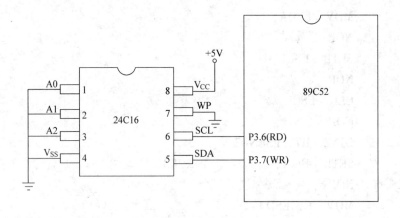

图 13-3　煤气控制器与 24C16 硬件的连接

初始化时，将相同的数据分别存入到 24C16 的三页存储区的同一地址中，以后每次写操作时，都分别向这三页写入相同的数据，而在读操作时，将三页的数据分别读到 RAM 区，进行比较。由于系统掉电时只可能影响到其中一页数据，所以将三个数据进行比较，如果三者相同，说明数据是安全的，否则启动校正程序，将两个相同的数据复制到不同的那一页。这种自我修复功能十分有效。

EEPROM 24C16 电可擦除、可编程序的只读存储器具有以下特点：在线改写数据和自动擦除功能；电源关闭，数据不会丢失；输入/输出端口与 TTL 兼容；片内有编程电压发生器，可以产生擦除和写入操作时所需的电压；片内有控制和定时发生器，擦除和写入操作均由此定时电路自动控制；具有整体编程允许和截止功能，已增强数据的保护能力；具有二线串行接口，可以在 $I^2C$ 上作从器件使用。

　　24C16 除有一次可以读写一个字节的字节写、字节读功能外，还有连续读写多个字节的页写、页读功能。

　　24C16 页写、页读的控制字格式如图 13-4 所示。在进行页读、页写时，如果控制字指定了一页，那么如果这一页没有满，则将字节连续写到这一页上。在进行三页保护时，则将数据分别存到这三页中，第一页写完之后，修改控制字的 P0、P1、P2，换到另一页再存一次数据，继续修改页数，将同样的数据再存一次。这样，在向 24C16 中读或写数据时，只能有一页的 1B 数据被打断，使数据产生错误，但是恢复起来不容易。如果采用三次保护的方法，读数据时将三页数据进行比较，两页数据相同的没有错误。采取这种办法时，数据的准确率能够得到很大的改善。

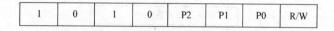

| 1 | 0 | 1 | 0 | P2 | P1 | P0 | R/W |

图 13-4　24C16 页写、页读的控制字格式

# 第14章 单片机应用系统设计与调试

## 14.1 单片机应用系统设计的步骤

单片机应用系统设计流程图如图14-1所示。具体步骤如下：

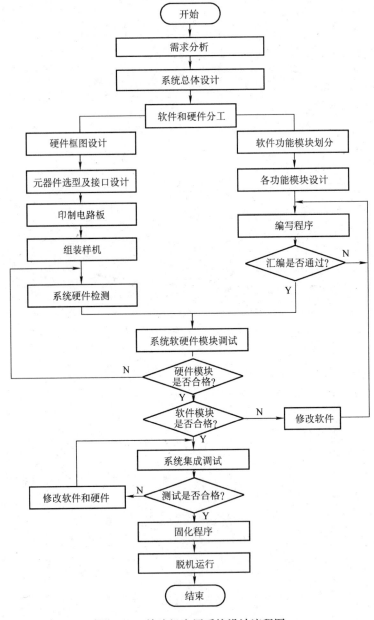

图 14-1 单片机应用系统设计流程图

**1. 需求分析**　　通过现场调研及与用户交流，全面、深入、准确地分析所要实现的功能、应用环境、应用对象、应用过程和具体要求，从整体上得出所要达到的目标及系统所要实现的功能、完成的具体任务、产品的形式，最后形成需求分析报告。

**2. 系统总体设计**　　在需求分析的基础上进行系统方案设计，确定出单片机应用系统的具体技术方案，包括系统性能设计、功能设计、工作原理设计、软件结构设计、程序流程设计和通信协议设计等内容。

**3. 系统硬件设计**　　根据系统的性能和需要实现的功能设计系统硬件，包括元器件的选择、接口设计、电路的设计制作、工艺设计等。

**4. 系统软件设计**　　根据软件结构设计、程序流程设计等内容进行模块化程序设计，系统软硬件设计需要协同进行，同时需要兼顾可靠性和抗干扰性。

**5. 仿真调试**　　仿真调试包括硬件和软件调试。调试时，将硬件和软件分成几个模块分别进行。各个模块调试通过后，再对所设计的硬件和软件进行集成调试和性能测定。

**6. 固化应用程序，脱机运行**　　这部分是设计的最后环节，以保证完成应用系统的生产应用。

**7. 文档的编制**　　文档的编制工作需要贯穿设计的整个开发过程，是以后系统使用、维护和升级的依据，需要精心设计编写。文档包括任务描述、设计说明、测试报告和使用说明。

## 14.2　单片机应用系统的开发

单片机应用系统经过总体设计、硬件设计、软件设计、制板、元器件安装之后，在系统存储器中放入编制好的程序，进行系统试运行，但一次成功的概率很小，可能会出现硬件和软件的错误，需要通过调试来发现错误并加以改正。为了能够调试程序，检查硬件和软件的运行状态，必须借助某种开发工具即仿真器来模拟实际的单片机，以便能够随时观察运行的中间过程，从而模仿现场的真实调试。

MSC—51 系列单片机只是一个芯片，本身无自开发能力，要编制、开发应用软件，对硬件电路进行诊断、调试，必须借助仿真开发工具模拟实际的单片机，这样才能随时观察运行的中间过程，从而能模仿现场的真实调试。完成这一在线仿真工作的开发工具为单片机在线仿真器。

**1. 仿真开发系统的功能**　　单片机仿真器必须具备以下基本功能：

（1）能输入和修改用户的应用程序。

（2）能对用户系统硬件电路进行检查和诊断。

（3）能将用户源程序编译成目标代码并固化到 EPROM 中。

（4）能以单步、断点、连续方式运行用户程序，正确反映用户程序执行的中间结果。

仿真开发系统除具有上述基本功能外，对于一个比较完善的仿真开发系统还应具备以下功能：

（1）具有较全的开发软件；支持汇编语言，有丰富的子程序，可供用户选择调用；配有高级语言（如 C 语言）开发环境，用户可用高级语言编制应用软件，然后再编译连接生成目标文件、可执行文件。

（2）有跟踪调试、运行能力。

**2. 仿真开发系统的种类**　　单片机应用系统必须经过调试阶段，只有经过调试才能发现问题、改正错误，最终得到应用。但是，由于单片机在执行程序时人工是无法控制的，因此，为了在调试程序、检查软硬件的运行状态时调试人员能够对其进行掌握和控制，随时观察程序的运行过程而不改变运行中原有的数据、性能和结果，并模仿现场真实调试，就必须借助某种单片机的开发工具。单片机仿真系统的种类大致有以下 3 种：

（1）通用型单片机开发系统。此类系统采用国际上流行的独立型仿真结构，与任何具有 RS－232C 串行接口（或并行接口）的计算机相连即可构成单片机仿真开发系统。

（2）软件模拟开发系统。这是完全依靠软件手段进行开发的系统。开发系统与用户系统在硬件上无任何联系。模拟开发系统的工作原理是：利用模拟开发软件在通用计算机上实现对单片机的硬件模拟、指令模拟和运行状态模拟，从而完成应用软件开发的全过程。单片机相应的输入端由通用键盘相应的按键设定，输出端的状态则出现在显示器指定的窗口区域。在开发软件的支持下，通过指令模拟，可方便地进行编程、单步运行、设置断点运行、修改等软件调试工作。

（3）普通型开发系统。这种开发装置通常采用相同类型的单片机做成单板机形式。它所配置的监控程序可满足应用系统仿真调试的要求，能输入程序、设置断点运行、单步运行、修改程序，并能很方便地查询各寄存器、I/O 接口以及存储器的状态和内容。

## 14.3　单片机应用系统的调试

**1. 调试前的准备工作**　　对于一个新设计的电路板，调试时往往会遇到一些困难，特别是当电路板比较大、元器件比较多时，往往无从下手。但如果掌握好一套合理的调试方法，调试起来将会事半功倍。对于刚拿回来的新 PCB 板，我们首先要大概观察一下，板上是否存在问题，例如是否有明显的裂痕，有无短路、开路等现象。如果有必要的话，可以检查一下电源跟地线之间的电阻是否足够大，然后就是安装元件了。对于相互独立的模块，如果没有把握保证它们能够正常工作时，最好不要将其全部装上，而应一部分一部分地装上（对于比较小的电路，可以一次全部装上），这样容易确定故障范围，免得遇到问题时无从下手。一般来说，可以把电源部分先装好，然后上电检测电源输出电压是否正常。如果在上电时没有太大的把握（即使有很大的把握，也建议加上一个熔丝，以防万一），可考虑使用带限流功能的可调稳压电源。先预设好过电流保护电流，然后将稳压电源的电压值慢慢往上调，并监测输入电流、输入电压以及输出电压。如果在往上调的过程中，没有出现过电流保护等问题，且输出电压也达到了正常，则说明电源部分可以了。反之，则要断开电源，寻找故障点，并重复上述步骤，直到电源正常为止。

接下来逐件安装其他模块。每安装好一个模块，就上电测试一下，上电时也是按照上面的步骤，以避免因设计错误或安装错误导致过电流而烧坏元件。

寻找故障的办法一般有以下 3 种：

（1）测量电压法。首先要确认的是各芯片电源引脚的电压是否正常，其次检查各种参考电压是否正常，另外还要检查各点的工作电压是否正常等。例如，一般的硅晶体管导通时，BE 结电压在 0.7V 左右，而 CE 结电压则在 0.3V 左右或者更小。如果一个晶体的 BE

结电压大于 0.7V（特殊晶体管除外，例如达林顿管等），可能就是 BE 结开路。

（2）信号注入法。将信号源加至输入端，然后依次往后测量各点的波形，看是否正常，以找到故障点。有时我们也会用更简单的办法，例如用手握一个镊子，去碰触各级的输入端，看输出端是否有反应，这在音频、视频等放大电路中经常使用（但要注意，热底板的电路或者电压高的电路不能使用此方法，否则可能会导致触电）。如果碰前一级没有反应，而碰后一级有反应，则说明问题出在前一级，应重点检查。

（3）其他寻找故障点的方法，例如看、听、闻、摸等。"看"就是看元器件有无明显的机械损坏，例如破裂、烧黑、变形等。"听"就是听工作声音是否正常，例如一些不该响的东西在响，该响的地方不响或者声音不正常等。"闻"就是检查是否有异味，例如烧焦的味道、电容电解液的味道等，对于一个有经验的电子维修人员来说，对这些气味是很敏感的。"摸"就是用手去试探元器件的温度是否不正常，例如太热或者太凉。一些功率器件工作起来会发热，如果摸上去是凉的，那么基本上可以判断它没有工作起来。如果不该热的地方热了或者该热的地方太热了，那也是不行的。一般的功率晶体管、稳压芯片等，工作在 70℃以下是完全没问题的。70℃大概是怎样的一个概念呢？如果将手压上去，可以坚持 3s 以上，就说明温度大概在 70℃以下（注意，要先试探性地去摸，千万别把手烫伤了）。

单片机应用系统的调试包括硬件调试和软件调试。硬件调试和软件调试并不能完全分开，许多硬件错误是在软件调试过程中被发现和纠正的。一般的调试方法是先排除明显的硬件故障，再进行软、硬件综合调试。

**2. 应用系统的调试**　硬件设计完成之后，就开始进入硬件调试阶段。硬件调试大体分为以下几步：

（1）硬件静态的调试。

1）排除逻辑故障。逻辑故障往往是由设计和加工制板过程中工艺性错误造成的，主要包括错线、开路、短路。排除的方法是：首先将加工的印制电路板认真地与原理图对照，看两者是否一致，应特别注意电源系统的检查，以防止电源短路和极性错误，并重点检查系统总线（地址总线、数据总线和控制总线）是否存在相互之间短路或与其他信号线路短路，必要时利用数字万用表的短路测试功能，可以缩短排错时间。

2）排除元器件失效。造成这类错误的原因有两个：一个是元器件买来时就已经坏了；另一个是由于安装错误，造成元器件烧坏。可以检查元器件与设计要求的型号、规格和安装是否一致，在保证安装无误后，用替换方法排除错误。

3）排除电源故障。在通电前，一定要检查电源电压的幅值和极性，否则很容易损坏集成块。上电后，检查各插件上引脚的电位，一般先检查 $V_{CC}$ 与 GND 之间电位。若在 5 ~ 4.8V 之间，则属正常；若有高压，联机仿真器调试时，将会损坏仿真器，有时会使应用系统中的集成块因发热而损坏。

（2）联机仿真调试。联机仿真必须借助仿真开发装置、示波器、万用表等工具。这些工具是单片机开发时使用的最基本的工具。

# 14.4　单片机应用系统抗干扰技术

近年来，单片机在工业自动化、生产过程控制、智能仪器仪表等领域的应用越来越广泛，大大提高了产品的质量，有效地提高了生产效率。但是，测控系统的工作环境往往比较复杂、恶劣，尤其是系统周围的电磁环境，这对系统的可靠性与安全性构成了极大的威胁。单片机测控系统必须长期稳定、可靠运行，否则将导致控制误差加大，严重时会使系统失灵，甚至造成巨大损失。

在实验室里设计的控制系统，在安装、调试后完全符合设计要求，但把系统置入现场后，系统常常不能正常稳定地工作。产生这种情况的原因主要是现场环境复杂和各种各样的电磁干扰，这就使得单片机应用系统的可靠性设计以及抗干扰技术变得越来越重要。

**1. 干扰的来源和后果**　　在工业现场环境中，干扰是以脉冲产生的形式进入单片机系统的，其主要的渠道有 3 条：空间干扰多发生在高电压、大电流、高频电磁场附近，并通过静电感应、电磁感应等方式侵入系统内部；供电系统干扰是由电源的噪声干扰引起的；过程通道干扰是干扰通过前向通道和后向通道进入系统的。干扰一般沿各种线路侵入系统。系统接地装置不可靠，也是产生干扰的重要原因。各类传感器，输入/输出线路的绝缘损坏均有可能引起干扰。

干扰产生的后果：

（1）使数据采集误差加大。当干扰侵入单片机系统的前向通道并叠加在信号上时，会使数据采集误差增大，特别是前向通道的传感器接口是小电压输入时，此现象会更加严重。

（2）程序运行失常。

1）在单片机系统中控制状态失灵：由于干扰的加入使输出误差加大，造成逻辑状态改变，最终导致控制失常。

2）死机：在单片机系统受强干扰后，造成程序计数器（PC）值的改变，破坏程序的正常运行。

（3）系统被控对象误操作。

1）单片机内部程序指针错乱，指向了其他地方，运行了错误的程序。

2）DRAM 中的某些数据被冲乱或者特殊寄存器的值被改变，使程序计算出错误的结果。

3）中断误触发，使系统进行错误的中断处理。

（4）被控对象状态不稳定。锁存电路与被控对象间的线路（包括驱动电路）受干扰，从而造成被控对象状态不稳定。

（5）定时不准。

1）单片机内部程序指针错乱，使中断程序运行超出定时时间。

2）RAM 中计时数据被冲乱，使程序计算出错误的结果。

（6）数据发生变化。在单片机应用系统中，由于外部 RAM 是可读写的，在干扰侵入的情况下，RAM 中数据有可能发生改变。虽然 ROM 能避免干扰破坏，但单片机片内 RAM 以及片内各种特殊功能寄存器等状态都有可能因受干扰而变化，甚至 EPROM 中的数据也可能误读写，使程序计算出错误的结果。

**2. 提高单片机抗干扰能力的方法**　　针对以上出现的问题，下面从硬件和软件两个方面来探讨一些提高单片机应用系统抗干扰能力的方法。

（1）单片机应用系统的硬件抗干扰设计。

1）供电系统：

① 防止从电源系统引入干扰，可采用交流稳压器来保证供电的稳定性，防止电源的过电压和欠电压。使用隔离变压器滤掉高频噪声，使用低通滤波器滤掉工频干扰。

② 采用开关电源并提供足够的功率余量，主机部分使用单独的稳压电路，必要时输入／输出供电分别采用 DC - DC 模块隔离，以避免各个部分相互干扰。

2）注意印制电路板的布线与工艺：

① 尽量采用多层印制电路板，这样可提供良好的接地网，并可防止产生地电位差和元器件之间的耦合。

② 印制电路板要合理分区。模拟电路区、数字电路区、功率驱动区要尽量分开，地线不能相混，应分别和电源端的地线相连。

③ 元器件面和焊接面应采用相互垂直、斜交或者弯曲走线，避免相互平行以减小寄生耦合；避免相邻导线平行段过长；应加大信号线间距。高频电路互联导线应尽量短，使用 45°或者圆弧折线布线，不要使用 90°折线，以减小高频信号的发射。

④ 印制电路板要按单点接电、单点心接地的原则送电；三个区域的电源线、地线分三路引出；地线、电源线要尽量粗，噪声元件与非噪声元件要尽量离得远一些；时钟振荡电路、特殊高速逻辑电路部分应用地线圈起来，让周围电场趋近于零。

⑤ 使用满足系统要求的最低频率的时钟，时钟产生器要尽量靠近用到该时钟的器件；石英晶体振荡器外壳要接地；时钟线应尽量短，并且要远离 I/O 线；在石英晶体振荡器下面要加大接地的面积而不应该布置其他信号线。

⑥ I/O 驱动器件、功率放大器件应尽量靠近印制电路板的边并靠近引出接插件；重要的信号线应尽量短并且要尽量粗，还要在两侧加上保护地；将信号通过扁平电缆引出时，要使用地线—信号—地线相间的结构。

⑦ 原则上每个 IC 元件要加一个 0.01 ~ 0.1μF 去耦电容，并且布线时去耦电容应尽量靠近 IC 的电源引脚和接地引脚。要选高频特性好的独石电容或瓷片电容作去耦电容。去耦电容焊在印制电路板上时，引脚要尽量短。

⑧ 闲置不用的 IC 引脚不要悬空，以避免引入干扰；不用的运算放大器正输入端应接地，负输入端应接输出；单片机不用的 I/O 端口应定义成输出；单片机上有一个以上的电源、接地端时，每个都要接上，不要悬空。

3）输入、输出干扰的抑制：

① 输入、输出信号加光耦合器隔离，可以将主机部分和前向通道、后向通道及其他部分切断电路的联系，进而有效地防止干扰进入主机系统。

② 双绞线传输和终端阻抗应匹配，在数字信号的长线传输时利用双绞线，可对噪声干扰有较好的抑制效果。另外，可使其与光耦合器联合使用，或者使用平衡输入接收器和输出的驱动器。在发送和接收信号端必须有末端电阻，并且双绞线应该阻抗匹配。

4）屏蔽：对容易产生干扰和被干扰的部件使用金属盒进行屏蔽，以使干扰电磁波短路接地。

5）提高元器件的驱动能力：一般 1 个 TTL 可驱动 8 个 TTL 或十多个 CMOS，而一个 CMOS 可驱动 2 个 TTL 或二十多个 CMOS。如果输出负载过重，会降低输出电平，使电平处于或低于被驱动器件的输入门槛电平，从而造成系统不稳定。

6）提高元器件的可靠性：

① 选用质量好的电子元器件，并进行严格的测试、筛选和老化。

② 设计时，元件技术参数要有一定的余量。

③ 提高印制电路板和组装的质量。

7）使用双机冗余设计：在对控制系统的可靠性有严格要求的场合，使用双机冗余可进一步提高系统的抗干扰能力。所谓的双机冗余，就是执行同一个控制任务，可安排两个单片机来完成，即主机与从机。在正常情况下，主机掌握着三总线的控制权，对整个系统进行控制，此时，从机处于待机状态，等待仲裁器的触发。当主机由于某种原因发生误动作时，仲裁器根据判别条件，若认为主机程序已混乱，则切断主机的总线控制权，将从机唤醒，使从机代替主机进行处理与控制。

（2）软件的抗干扰设计。

1）数据采集误差的软件对策：

① 用软件滤波算法，可滤掉大部分因输入信号干扰而引起的输出控制错误。最常用的方法有算术平均值法、比较舍取法、中位值法、一阶递推数字滤波法。具体选取何种方法，必须根据信号的变化规律选择。对于开关量，经常采用多次采集的办法来消除开关的抖动。

② 关键数据可使用软件冗余技术，即给数据增加一定的冗余位，以实现数据的检错和纠错功能。常用的方法有奇偶校验以及海明码和循环码校验。

2）程序运行失常的软件对策：对于程序运行失常的软件对策，主要是发现失常状态并及时将系统引导到初始状态。

① 指令冗余。

② 对于 MCS—51 系列单片机，大部分指令为单字节，当出错的程序落到其上时，出错的程序可自动纳入正轨，而当落到多字节指令的操作数时，程序将继续出错。所以，在关键的并对程序的流向起决定性的指令之前插入两条 NOP 指令，可以使被弹飞的指令恢复正轨。

③ 设置程序指针陷阱。软件陷阱将出错的程序捕获并强行引入出错处理程序。软件陷阱可安排在 4 个地方：未使用的中断向量区，干扰可使未使用的中断开放并激活中断，在这些地方设置软件陷阱就能及时捕获到错误中断；未使用的 ROM 空间，在其中每隔一段设置一个陷阱，可将弹飞至该区域的出错程序捕获；表格，在储存于 EPROM 中的表格后安排软件陷阱，可在一定程度上防止软件弹飞；程序区，一般程序中不能任意安排软件陷阱，但是在正常程序中会有一些跳转指令，在这些指令后使用软件陷阱，可捕获到弹飞到跳转指令操作数上的出错程序。

3）使用程序监视跟踪定时器：程序监视跟踪定时器即 Watchdog，在单片机抗干扰设计中使用非常广泛，各大元器件生产商提供了不同功能的芯片，如 Maxim 公司的 MX760、MX813；IMP 公司的 IMP690A1692AL 是用于微处理器系统的电源监视和控制电路，可为 CPU 提供复位信号、看门狗监视、备用电池自动切换及电源失效监视。除上/掉电条件下为微处理器提供复位外，这些元器件还具有备用电池切换的功能。利用 Watchdog 和软件的配合使用，可大大提高系统的抗干扰能力。

4）使用实时嵌入式操作系统（RTOS）：操作系统首先建立多个实时任务并初始化，各个任务在操作系统的调度下运行，若某一任务由于干扰而运行失常，操作系统可将该任务强制退出并让出 CPU 控制权，然后根据故障情况进行处理。使用 RTOS 可减小系统的复位次数，提高抗干扰能力。

5）系统故障处理及自恢复程序的设计：单片机系统因干扰复位或掉电后复位均属非正常复位，应进行故障诊断并能自动恢复非正常复位前的状态。

① 非正常复位的识别。程序的执行总是从 0000H 开始，而导致程序从 0000H 开始执行有 4 种可能：系统开机上电复位、软件故障复位、看门狗超时"喂狗"硬件复位、任务正在执行中掉电后来电复位。4 种情况中，除第一种情况外均属非正常复位，需加以识别。

② 硬件复位与软件复位的识别。此处硬件复位是指开机复位与看门狗复位。硬件复位对寄存器有影响，如复位后 PC = 0000H，SP = 07H，PSW = 00H 等，而软件复位则对 SP、SPW 无影响。故对于微型计算机测控系统，当程序正常运行时，将 SP 设置为地址大于 07H，或者将 PSW 的第 5 位用户标志位在系统正常运行时设为"1"，那么系统复位时，只需检测 PSW.5 标志位或 SP 值便可判断是否为硬件复位。此外，由于硬件复位时片内 RAM 状态是随机的，而软件复位片内 RAM 则可保持复位前的状态，因此可选取片内某一个或两个单元作为上电标志。设 40H 用来作上电标志，上电标志字为 78H，若系统复位后 40H 单元内容不等于 78H，则认为是硬件复位，否则认为是软件复位，进而转向出错处理。若用两个单元作上电标志，则这种判别方法的可靠性更高。

③ 开机复位与看门狗故障复位的识别。开机复位与看门狗故障复位因同属硬件复位，所以要想予以正确识别，一般要借助非易失性 RAM 或者 EEROM。当系统正常运行时，设置一可掉电保护的观测单元，当系统正常运行时，在定时"喂狗"的中断服务程序中使该观测单元保持正常值（设为 AAH），而在主程中将该单元清零，因观测单元掉电可保护，则开机时通过检测该单元是否为正常值就可以判断是否为看门狗复位。

④ 正常开机复位与非正常开机复位的识别。识别测控系统中因意外情况（如系统掉电等情况）引起的开机复位与正常开机复位，对于过程控制系统尤为重要。如某以时间为控制标准的测控系统，完成一次测控任务需 1h，在已执行测控 50min 的情况下，系统因电压异常而引起复位，此时若系统复位后又从头开始进行测控，则会造成不必要的时间消耗。因此，可通过一监测单元对当前系统的运行状态、系统时间予以监控，将控制过程分解为若干步或若干时间段，每执行完一步或每运行一个时间段则对监测单元置为关机允许值。不同的任务或任务的不同阶段有不同的值，若系统正在进行测控任务或正在执行某时间段，则将监测单元置为非正常关机值。那么在系统复位后，可据此单元判别系统原来的运行状态，并跳到出错处理程序中恢复系统原运行状态。

⑤ 非正常复位后系统自恢复运行的程序设计。对顺序要求严格的一些过程控制系统，系统非正常复位后，一般都要求从失控的那一个模块或任务恢复运行。所以，测控系统要做好重要数据单元、参数的备份，如系统运行状态、系统的进程值，当前输入、输出的值，当前时钟值、观测单元值等。这些数据要定时备份，同时，若有修改，也应立即予以备份。

当在已判别出系统非正常复位的情况下，首先要恢复一些必要的系统数据，如显示模块的初始化、片外扩展芯片的初始化等。其次，再对测控系统的系统状态、运行参数等予以恢复，包括显示界面等的恢复。之后，再把复位前的任务、参数、运行时间等恢复，然后进入系统运行状态。

应当说明的是，真实地恢复系统的运行状态需要极为细致地对系统的重要数据予以备份，并进行数据可靠性检查，以保证恢复数据的可靠性。其次，对多任务、多进程测控系统，数据的恢复需考虑恢复的次序问题。系统基本初始化是指对芯片、显示、输入/输出方式等进行初始化，要注意输入/输出的初始化不应造成误动作，而复位前任务的初始化是指任务的执行状态、运行时间等。

（3）抗干扰技术总结。在工程实践中，通常都是几种抗干扰方法并用，只有互相补充、完善，才能取得较好的抗干扰效果。从根本上来说，硬件抗干扰是主动的，而软件抗干扰是被动的。细致周到地分析干扰源，并将硬件与软件抗干扰相结合，完善系统监控程序，进而设计一稳定可靠的单片机系统是完全可行的。抗干扰技术是单片机应用系统设计过程中的重要环节，合理地使用软件和硬件抗干扰技术，可使系统最大限度地避免干扰的产生并在受干扰后能使系统恢复正常运行，保证系统长期稳定可靠地工作。

# 第3篇 发展篇: 51 内核无线网络片上系统 CC2430

## 第15章 51 内核的 ZigBee 单片机 CC2430

### 15.1 无线网络与物流技术的融合

融合是未来无线技术发展的主旋律。无线网络技术与物流技术的融合是无线网络的主要发展方向之一。

网络的泛在化推动了短距离无线技术与蜂窝网技术走向融合。短距离无线通信技术一直用于物流和消费电子产品领域，主要用来计费和监测。近年来，随着通信技术和集成电路技术的发展，RFID、ZigBee、蓝牙等短距离无线技术开始和蜂窝网技术结合，并衍生出了一系列新业务。在日本、韩国以及欧洲各国推出的无所不在的网络（泛在网络）概念中，短距离无线通信也被赋予了关键的任务。在中国香港，首个融合了 RFID 与 3G 技术的物业资产管理解决方案已经在数码港试用，并达到了缩短物业管理人员检查和响应时间的效果。随着 IPv6 以及物流技术的发展，短距离无线技术会更多地与蜂窝网技术结合应用。

### 15.2 ZigBee 无线网络通信技术

#### 15.2.1 ZigBee 的特点

ZigBee 技术是随着工业自动化对于无线通信和数据传输的需求而产生的，自其诞生之日起，就被冠为世界发展最快、拥有广阔市场前景的十大最新技术之一。ZigBee 网络具备省电、可靠、成本低、容量大、安全等诸多优势，为其日后广泛应用于各种自动控制领域奠定了良好的基础。ZigBee 技术的应用目标就是针对工业、家庭自动化、遥测遥控、汽车自动化、农业自动化和医疗护理等领域，例如灯光自动化控制，传感器的无线数据采集和监控，油田、电力、矿山和物流管理等。除此之外，它还可以对局部区域内移动目标（例如对城市中的车辆）进行定位。据专家预测，未来几年，ZigBee 技术仍将处于飞速发展时期。

在 ZigBee 网络拓扑中，最有特色的是网状网络拓扑。采用网状网络拓扑，无线网络可以像一张大网相互连接，相互间可以在任意节点间进行通信。在 ZigBee 网络里调用"网状网络拓扑的数据传输"功能，数据就自动通过墙壁，绕过天花板，像下跳棋一样提供相邻节点，进行无线通信，从一楼到十楼，将数据自动传输到最远端的无线节点。

ZigBee 技术是一种崭新的，专注于低功耗、低成本、低复杂度、低速率的近程无线网络通信技术，是目前嵌入式应用的一个大热点。ZigBee 的特点主要有以下几个方面：

**1. 低功耗**　在低耗电待机模式下，2 节 5 号干电池可支持 1 个节点工作 6 ~ 24 个月，甚至更长，这是 ZigBee 的突出优势。与之相比较，蓝牙只能工作数周，而 WiFi 也就只能工作数小时。

**2. 低成本**　通过大幅简化协议（不到蓝牙的 1/10），降低了对通信控制器的要求。按预测分析，以 8051 单片机的 8 位微控制器测算，全功能的主节点需要 32KB 代码，子功能节点则少至 4KB 代码，而且 ZigBee 免协议专利费。

**3. 低速率**　ZigBee 工作在 250kbit/s 的通信速率下，能够满足低速率传输数据的应用需求。

**4. 近距离**　传输范围一般介于 10 ~ 100m 之间，在增加 RF 发射功率后，可增加到 1 ~ 3km。这指的仅是相邻节点间的距离，如果通过路由器和节点间通信的接力，传输距离可以更远。

**5. 短时延**　ZigBee 的响应速度较快，一般从睡眠转入工作状态只需 15ms，节点连接进入网络只需 30ms，进一步节省了电能。与之相比较，蓝牙则需要 3 ~ 10s，WiFi 需要 3s。

**6. 高容量**　ZigBee 可采用星状、片状和网状网络结构，由一个主节点管理若干子节点，最多一个主节点可管理 254 个子节点；同时，主节点还可由上一层网络节点管理，最多可组成 65000 个节点的大网。

**7. 高安全**　ZigBee 提供了三级安全模式，包括无安全设定、使用接入控制清单（ACL）防止非法获取数据以及采用高级加密标准（AES128）的对称密码，以灵活确定其安全属性。

**8. 免执照频段**　采用直接序列扩频在工业科学医疗（ISM）2.4GHz（全球）频段。

正是这些全新的特点，将使 ZigBee 技术在无线数据传速、无线传感器网络、无线实时定位、射频识别、数字家庭、安全监视、无线键盘、无线遥控器、无线抄表、汽车电子、医疗电子、工业自动化等方面得到非常广阔的应用。

## 15. 2. 2　ZigBee 无线芯片 CC2430

**1. 从 CC2430 入门学习 ZigBee 的优点**　ZigBee 具有广阔的市场前景，引起了全球众多厂商的青睐，纷纷推出了各种 ZigBee 无线芯片、无线单片机、ZigBee 开发系统。这就使得如何在众多的芯片和技术中选择一个高效率、低价格的 ZigBee 无线技术和相关的学习环境，以使自己能快速入门和精通复杂的 ZigBee 无线技术，成为了一个难题，许多电子工程师感到无从下手。在此推荐选择以 8051 微处理器为核心的 ZigBee 无线单片机。8051 微处理器已经诞生 30 多年，市场上各种参考书很容易找到，开发软件 KEIL、IAR 也早已被大家熟悉，用起来会非常顺手。

以 TI/Chipcon 公司最新的 ZigBee 单片机 CC2430/CC2431 为例，其 8051 内核经过特别设计，可以和 2.4GHz 的 ZigBee 无线收发电路完美地配合，绝不会因为其 8051 内核的高速运行而对高频无线通信有任何影响。

从 8051 入手学习 ZigBee 技术，有以下优点：

（1）无需重新学习微处理器的结构原理，无需重新熟悉编译或调试工具。

（2）对片上系统的 I/O 端口、定时器、A/D、PWM、看门狗等，也无需重新学习。

（3）如果没有单片机的基础，学起来也非常容易。

（4）从技术眼光看，ZigBee 技术的核心是软件，如果 MCU 是 8051 微处理器，则 ZigBee 只不过是由 C51 代码组成的一堆软件而已。无论是无线数据传输、路由算法还是网络拓扑等，都是各种函数的组合、代码的组合。如果熟悉 C51 编程，就能够很容易熟悉 ZigBee 的代码，同时能够将自己的应用代码和 ZigBee 结合在一起。

（5）从硬件而言，如果熟悉 8051 微处理器，学习 ZigBee 时最好从片上系统（无线单片机）开始进入。因为对于初学无线技术的工程师而言，从无线单片机开始，可以避开硬件或高频方面的很多难点（如 CC2430/CC2431/CC1110/CC2510 无线部分完全集成在芯片中，外部只有很少几只零件，几乎完全不需要考虑如何焊接，如何调试无线高频部分硬件），直接进入最关键部分的学习。

入门学习 ZigBee 时，最理想的选择是 8051 内核的 ZigBee 无线单片机，如最新的 CC2430，如果需要高精度无线定位的话，可以很容易地扩展到 CC2431。CC2430/CC2431 无线单片机是目前世界上仅有的带有 128KB 闪存的 8051 内核的 ZigBee 无线单片机。有几家公司也号称推出了 8051 内核的 ZigBee 无线单片机，但他们的"单片机"只有 ROM（只读存储器），没有存放程序的闪存，必须要外加一个小的闪存，所以全部程序必须存储在外部的闪存中。如果使用这样的无线单片机，最大的问题是不能对自己开发的代码加密，而使用 CC2430/CC2431 就不会有这样的问题发生。

**2. ZigBee 开发工具的选择**　从目前的市场情况看，对于 ZigBee 开发工具，国内用户最理想的选择是 C51RF—3—CC2430 无线开发平台，原因如下：

（1）入门价格低，但性能可靠，功能齐全，具有国外高价格 ZigBee CC2430/CC2431（CC2430 和 CC2431 的区别在于，CC2431 有定位跟踪引擎，CC2430 无定位跟踪引擎）开发系统的全部功能。

（2）包括一个 USB 接口的全功能仿真器，两个完全高频测试的 ZigBee/802.15.4 兼容无线模块，以及 IAR 编译调试软件和无线表演软件 C51 源代码光盘等。

（3）多年专业的无线开发系统生产经验和技术支持，保证质量可靠。

另外，将无线 CC2430 模块从底板上取下来，给模块连接上 2 个 5 号电池，无线模块也可以单独运行。对于许多要求小体积的应用如 RFID 等，非常方便。学习 ZigBee 技术时，只要连接计算机，运行 IAR C51 开发环境，就可以方便地观察 ZigBee/802.15.4 协议栈源代码的运行情况，跟踪协议栈运行情况。无线收发情况也在计算机屏幕上显示，一目了然，容易控制。

**3. ZigBee 协议栈具有源代码**　ZigBee 技术的核心是几万行的 ZigBee/802.15.4 C51 源代码，这些源代码和 ZigBee 无线单片机芯片配合，完成数据包装收发、校验、各种网络拓扑、路由计算等复杂的功能。虽然目标码库文件和源代码都能实现 ZigBee 协议栈功能，但从开发和使用的方便性上而言，两者间有下列明显差异：

（1）源代码对使用者是全透明的，使用者可以任意修改、添加自己需要的功能，而目标码不能改动任何地方。

（2）ZigBee 目标码库内部一般带有内部控制或限制信息，如某国外著名厂家提供的免费协议栈是 3 个月限制版，时间一到，该目标码协议栈将自动停止运行，用户需要交纳专利费后才能继续使用，而源代码协议栈对用户完全透明，不会有这样的问题。

（3）源代码协议栈由 C 语言写成，可以在不同微控制器上移植，而目标代码库只能支持特定的微控制器。

（4）源代码协议栈可以方便地帮助使用者理解 ZigBee 协议的内部结构、实现方法，而目标代码库不具备这样的功能。

## 15.3　CC2430 基础

位于挪威奥斯陆的 Chipcon 公司（已在 2006 年被美国德州仪器 TI 公司收购），作为全球领先的 IT 产品供应商，在低系统成本、低功耗的射频芯片和网络型软件方面，发布了实用的 CC2430 产品家族。这是世界上首个真正的单芯片 ZigBee 解决方案，是世界上第一个真正意义上的 ZigBee 一站式产品，具有芯片可编程序闪存以及通过认证的 ZigBee TM 协议栈，并且它们都集成在一个硅片内。片上系统 CC2430 功能模块的结构如图 15-1 所示。

（1）Chipcon 公司的 ZigBee SoC 解决方案对于制造商来说是一个巨大的飞跃，产品面向家庭和楼宇自动化，供暖、通风和空调系统，自动抄表，以及医疗设施、家庭娱乐、物流和其他终端市场，这些市场都可以使用相当便宜和低功耗的 CC2430 系列无线通信芯片。

（2）CC2430 是 Chipcon 公司推出的用来实现嵌入式 ZigBee 应用的片上系统。它支持 2.4GHz IEEE 802.15.4/ZigBee 协议。根据芯片内置闪存的不同容量，提供给用户 3 个版本，即 CC2430—F32/64/128，分别对应内置闪存 32/64/128KB。

（3）CC2430 能够让制造商开发出紧凑、高性能和可靠的无线网络产品。用该芯片作为系统中的主动设备，可以减少产品上市时间以及将生产和测试成本降到最低。CC2430 结合了市场领先的 Z-StackZigBee 协议软件和 Chipcon 公司的其他软件工具，成为非常全面并且具有竞争力的 ZigBee 解决方案。它提供了一个重要的设计优势并减少了工程风险。

（4）CC2430 表明 Chipcon 公司第 2 代 ZigBee TM 平台和真正的 ZigBee SoC 解决方案，结合了行业中领先的射频 2.4GHz 收发器和符合 IEEE 802.15.4 协议的 CC2420，具有工业级、集成小体积的 8051 微处理器。CC2430 SoC 家族包括 3 个产品，即 CC2430—F32、CC2430—F64 和 CC2430—F128。它们的区别在于内置闪存的容量不同，分别为 32KB、64KB 和 128KB，并具有 8KB 的 RAM 和其他强大的支持特性。

（5）CC2430 基于 Chipcon 公司的 Smart RF 技术平台，采用 $0.18\mu m$ CMOS 工艺生产。

（6）CC2430 对于那些要求电池寿命非常长的应用来说，其休眠模式和短时间转换到主动模式能够使之成为最理想的解决方案。这个配置可以应用于所有 ZigBee TM 的无线网络节点，包括 Coordinators，Routers and End Devices。

（7）CC2430 采用增强型 8051MCU、32/64/128 KB 闪存、8KB SRAM 等高性能模块，并内置了 ZigBee 协议栈，再加上超低能耗，使得它可以用很低的费用构成 ZigBee 节点，具有很强的市场竞争力。

### 15.3.1　CC2430 的主要特性

CC2430 是一颗真正的系统芯片（SoC）CMOS 解决方案。这种解决方案能够提高性能并满足以 ZigBee 为基础的工业科学医疗 2.4GHz 频段应用对低成本、低功耗的要求。它结合一个高性能的 2.4GHz DSSS（直接序列扩频）射频收发器核心和一颗工业级小巧高效的 8051

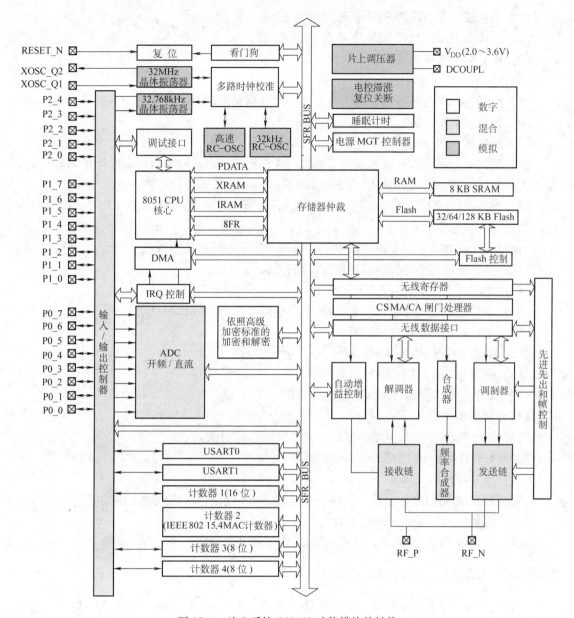

图 15-1　片上系统 CC2430 功能模块的结构

控制器。

　　CC2430 芯片沿用了以往 CC2420 芯片的架构，在单个芯片上整合了 ZigBee 射频（RF）前端、内存和微控制器。它使用 1 个 8 位 MCU（8051），具有 32/64/128 KB 可编程序闪存和 8KB 的 RAM，还包含模拟数字转换器（ADC）、几个定时器（Timer）、AES128 协同处理器、WDT、32kHz 晶振的休眠模式定时器、上电复位电路（Power On Reset）、掉电检测电路（Brown Out Detection）以及 21 个可编程序 I/O 引脚。

　　CC2430 芯片采用 0.18μm CMOS 工艺生产，工作时的电流损耗为 27mA；在接收和发射模式下，电流损耗分别低于 27mA 和 25mA。

　　CC2430 芯片的主要特点如下：

（1）高性能、低功耗的 8051 微控制器内核。

（2）适应 2.4GHz IEEE 802.15.4 的 RF 收发器。

（3）极高的接收灵敏度和抗干扰性能。

（4）32/64/128 KB 闪存。

（5）8 KB SRAM，具备在各种供电方式下的数据保持能力。

（6）强大的 DMA 功能。

（7）只需极少的外接元件。

（8）只需一个晶体即可满足组网需要；电流消耗小，当微控制器内核运行在 32MHz 时，在接收模式下为 27mA，在发送模式下为 25mA。

（9）在掉电方式下，电流消耗只有 0.9μA，外部中断或者实时时钟（RTC）能唤醒系统。

（10）在挂起方式下，电流消耗小于 0.6μA，外部中断能唤醒系统。

（11）硬件支持避免冲突的载波侦听多路存取。

（12）电源电压范围宽（2.0~3.6V）。

（13）支持数字化的接收信号强度指示器/链路质量指示（RSSI/LQI）。

（14）电池监视器和温度传感器。

（15）具有 8 路输入 8~14 位 ADC。

（16）高级加密标准（AES）协处理器。

（17）2 个支持多种串行通信协议的 USART。

（18）看门狗。

（19）1 个 IEEE 802.5.4 媒体存取控制（MAC）定时器。

（20）1 个通用的 16 位和 2 个 8 位定时器。

（21）支持硬件调试。

（22）21 个通用的 I/O 引脚，其中 2 个具有 20mA 的电流吸收或电流供给能力。

（23）提供强大、灵活的开发工具。

（24）小尺寸 QLP 48 封装，7mm×7mm。

## 15.3.2　CC2430 的引脚和 I/O 配置

CC2430 芯片采用 7mm×7mm 小尺寸 QLP 封装，共有 48 个引脚，如图 15-2 所示。全部引脚可分为 I/O 端口线引脚、电源线引脚和控制线引脚三类。

**1. I/O 端口线引脚的功能**　　CC2430 有 21 个可编程序的 I/O 端口引脚，P0、P1 端口是完全的 8 位端口，P2 端口只有 5 个可使用的位。通过软件设定一组 SFR 寄存器的位和字节，可使这些引脚作为通常的 I/O 端口或作为连接 ADC、计时器或 USART 部件的外围设备 I/O 端口使用。

I/O 端口有下面的关键特性：

（1）可设置为通常的 I/O 端口，也可设置为外围设备 I/O 端口使用。

（2）在输入时有上拉和下拉能力。

（3）全部 21 个数字 I/O 端口引脚都具有响应外部的中断能力。如果需要外围设备，可对 I/O 端口引脚产生中断，同时外部的中断事件也能被用来唤醒休眠模式。

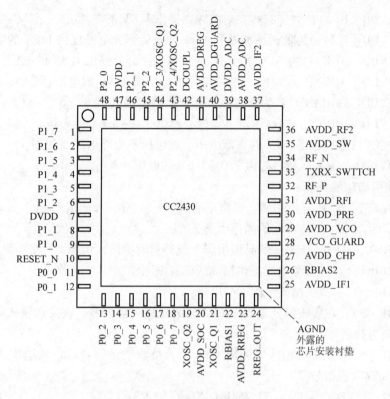

图 15-2　CC2430 的引脚

1~6 脚（P1_7~P1_2）：具有 4mA 输出驱动能力。

8 脚、9 脚（P1_1、P1_0）：具有 20mA 的驱动能力。

11~18 脚（P0_0~P0_7）：具有 4mA 输出驱动能力。

43 脚、44 脚、45 脚、46 脚、48 脚（P2_4、P2_3、P2_2、P2_1、P2_0）：具有 4mA 输出驱动能力。

**2. 电源线引脚功能**

7 脚（DVDD）：为 I/O 端口提供 2.0~3.6V 的工作电压。

20 脚（AVDD_SOC）：为模拟电路连接 2.0~3.6V 的电压。

23 脚（AVDD_RREG）：为模拟电路连接 2.0~3.6V 的电压。

24 脚（RREG_OUT）：为 25 脚，27~31 脚，35~40 脚提供 1.8V 的稳定电压。

25 脚（AVDD_IF1）：为接收器波段滤波器、模拟测试模块和 VGA 的第一部分电路提供 1.8V 的电压。

27 脚（AVDD_CHP）：为环状滤波器的第一部分电路和充电泵提供 1.8V 的电压。

28 脚（VCO_GUARD）：VCO 屏蔽电路的报警连接端口。

29 脚（AVDD_VCO）：为 VCO 和 PLL 环滤波器最后部分电路提供 1.8V 的电压。

30 脚（AVDD_PRE）：为预定标器、Div 2 和 LO 缓冲器提供 1.8V 的电压。

31 脚（AVDD_RF1）：为 LNA、前置偏置电路和 PA 提供 1.8V 的电压。

33 脚（TXRX_SWITCH）：为 PA 提供调整电压。

35 脚（AVDD_SW）：为 LNA/PA 交换电路提供 1.8V 的电压。

36 脚（AVDD_RF2）：为接收和发射混频器提供 1.8V 的电压。

37 脚（AVDD_IF2）：为低通滤波器和 VGA 的最后部分电路提供 1.8V 的电压。

38 脚（AVDD_ADC）：为 ADC 和 DAC 的模拟电路部分提供 1.8V 的电压。

39 脚（DVDD_ADC）：为 ADC 的数字电路部分提供 1.8V 的电压。

40 脚（AVDD_DGUARD）：为隔离数字噪声电路连接电压。

41 脚（AVDD_DREG）：向电压调节器核心提供 2.0~3.6V 的电压。

42 脚（DCOUPL）：提供 1.8V 的去耦电压，此电压不为外电路所使用。

47 脚（DVDD）：为 I/O 端口提供 2.0~3.6V 的电压。

**3. 控制线引脚功能**

10 脚（RESET_N）：复位引脚，低电平有效。

19 脚（XOSC_Q2）：32MHz 的晶振引脚 2。

21 脚（XOSC_Q1）：32MHz 的晶振引脚 1 或外部时钟输入引脚。

22 脚（RBIAS1）：为参考电流提供精确的偏置电阻。

26 脚（RBIAS2）：提供精确电阻，43kΩ，±1%。

32 脚（RF_P）：在接收模式期间向 LNA 输入正向射频信号，在发送模式期间接收来自 PA 的输入正向射频信号。

34 脚（RF_N）：在接收模式期间向 LNA 输入负向射频信号，在发送模式期间接收来自 PA 的输入负向射频信号。

43 脚（P2_4/XOSC_Q2）：32.768kHz XOSC 的 2.3 端口。

44 脚（P2_3/XOSC_Q1）：32.768kHz XOSC 的 2.4 端口。

## 15.3.3　CC2430 的 CPU 介绍

（1）针对协议栈、网络和应用软件的执行对 MCU 处理能力的要求，CC2430 包含一个增强型工业标准的 8 位 8051 微控制器内核，运行时钟为 32MHz。由于更快的执行时间以及通过除去被浪费掉的总线状态的方式，使得使用标准 8051 指令集的 CC2430 增强型 8051 内核具有 8 倍的标准 8051 内核的性能。

（2）CC2430 包含一个 DMA 控制器。8KB 静态 RAM，其中的 4KB 是超低功耗 SRAM。32KB、64KB 或 128KB 的片内 Flash 块提供在电路可编程序非易失性存储器。

（3）CC2430 集成了 4 个振荡器用于系统时钟和定时操作，这 4 个振荡器分别是 32MHz 晶体振荡器、16MHz *RC* 振荡器、可选的 32.768kHz 晶体振荡器和可选的 32.768kHz *RC* 振荡器。CC2430 也集成了用于用户自定义应用的外围设备。

（4）CC2430 支持 IEEE802.15.4MAC 安全所需的（128 位关键字）AES 的运行，以尽可能少地占用微控制器。

（5）中断控制器为 18 个中断源提供服务，它们中的每个中断都被赋予 4 个中断优先级中的某一个。调试接口采用两线串行接口，该接口被用于电路调试和外部 Flash 编程。I/O 控制器的职责是对 21 个一般的 I/O 端口进行灵活分配和可靠控制。

（6）CC2430 增强型 8051 内核使用标准 8051 指令集，具有 8 倍的标准 8051 内核的性能。这是因为：每个时钟周期为一个机器周期，而标准 8051 中是 12 个时钟周期为一个机器周期。除去被浪费掉的总线状态的方式，大部分单指令的执行时间为 1 个系统时钟周期。除了速度的提高，CC2430 增加内核后还增加了两个部分，即另一个数据指针以及扩展 18 个中断源。

（7）CC2430 的 8051 内核的目标代码兼容标准 8051 的微处理器。

（8）CC2430 的 8051 目标码与标准 8051 完全兼容，可以使用标准 8051 的汇编器和编译器进行软件开发，所有 CC2430 的 8051 指令在目标码和功能上与同类的标准 8051 产品完全等价。不管怎样讲，由于 CC2430 的 8051 内核使用不同于标准的指令时钟，外围设备（如定时器）等也不同于标准 8051，因此在编程时与标准 8051 的代码略有不同。

**1. CC2430 的 8051 内核简介**　　CC2430 集成了增强工业标准的 8051MCU 核心。该核心使用标准 8051 指令集，每个机器周期中的一个时钟周期与标准 8051 每个机器周期中的 12 个时钟周期相对应，因此其指令执行的速度比标准 8051 快。由于指令周期在可能的情况下包含了取指令操作所需的时间，故绝大多数单字节指令在一个时钟周期内完成。除了速度改进之外，CC2430 的 8051 核心也包含了下列增强的架构：

（1）第二数据指针。

（2）扩展了 18 个中断源。

CC2430 核心的 8051 目标代码与标准 8051 目标代码兼容。但是，由于与标准 8051 使用不同的指令定时，因此以往编写的标准 8051 目标代码的定时循环程序需要修改。此外，扩充的外围设备使用的特殊功能寄存器（SFR）所涉及的指令代码也有所不同。

**2. 复位**　　CC2430 有 3 个复位源：

（1）强制设置输入引脚 RESET _ N 为低电平。

（2）上电复位。

（3）看门狗复位。

复位后的初始状况如下：

（1）I/O 引脚设置为输入、上拉状态。

（2）CPU 的程序计数器设置为 0x0000，程序从这里开始运行。

（3）所有外围设备的寄存器初始化到它们的复位值（参考有关寄存器的描述）。

（4）看门狗禁止。

**3. 存储器**　　8051CPU 有以下 4 个不同的存储空间。

（1）代码（CODE）：16 位只读存储空间，用于存储程序。

（2）数据（DATA）：8 位可存取存储空间，可以直接或间接被单个的 CPU 指令访问。该空间的低 128B 可以直接或间接访问，而高 128B 只能够间接访问。

（3）外部数据（XDATA）：为 16 位可存取存储空间，通常需要 4 ~ 5 个 CPU 指令周期来访问。

（4）特殊功能寄存器（SFR）：7 位可存取寄存器存储空间，可以被单个的 CPU 指令访问。

存储器空间主要包括以下几个部分：

（1）外部数据存储器空间。对于大于 32KB 闪存的芯片，最低端的 55KB 闪存程序存储器映射到地址 0x0000 ~ 0xDEFF，而对于 32KB 闪存的芯片，32KB 闪存映射到地址 0x0000 ~ 0x7FFF。所有的芯片，其 8KB SRAM 都映射到地址 0xE000 ~ 0xFFFF，而特殊功能寄存器的地址范围是 0xDF00 ~ 0xDFFF，这样就允许 DMA 控制器和 CPU 在一个统一的地址空间对所有物理存储器进行存取操作。

（2）代码存储器空间。对于大于 32KB 的闪存存储器，在采用统一映射时，与外部存储器空间的映射类似，其最低端的 55KB 闪存映射到代码存储器空间。8KB SRAM 包括在代码地址空间之内，从而允许程序的运行可以超出 SRAM 的范围。

闪存为 128KB 的芯片（CC2430—F128），对于代码存储器，就要使用分区的办法。由于物理存储器是 128KB，大于 32KB 的代码存储器空间需要通过闪存区的选择位映射到 4 个32KB 物理闪存区中的一个。

（3）数据存储器空间。数据（DATA）存储器的 8 位地址映射到 8KB SRAM 的高端256B。在这个范围中，也可以对地址范围为 0xFF00～0xFFFF 的代码空间和外部数据空间进行存取。

（4）特殊功能寄存器空间。特殊功能寄存器（SFR）可以对具有 128 个入口的硬件寄存器进行存取，也可以对地址范围为 0xDF80～0xDFFF 的 XDATA/DMA 进行存取。

CC2430 有 2 个数据指针（DPTR0 和 DPTR1），主要用于代码和外部数据的存取。例如：

MOVC　A，@ A + DPTR

MOV　A，@ DPTR

外部数据存储器的存取：CC2430 提供了一个附加的特殊功能寄存器 MPAGE，该寄存器在执行指令"MOVX　A，@ Ri"和"MOVX　@ R，A"时使用。MPAGE 给出高 8 位的地址，而寄存器 Ri 给出低 8 位的地址。

**4. 特殊功能寄存器**　特殊功能寄存器控制 CC2430 的 8051 内核以及外围设备的各种重要功能。CC2430 大部分的特殊功能寄存器的功能与标准的 8051 特殊功能寄存器的功能相同，只有少部分与标准 8051 不同。不同的特殊功能寄存器主要是用于控制外围设备以及射频发射。

下面介绍 CC2430 的 8051 内核内在寄存器。

（1）R0～R7：CC2430 提供了 4 组工作寄存器，每组包括 8 个功能寄存器。这 4 组寄存器分别映射到数据寄存空间的 0x00～0x07、0x08～0x0F、0x10～0x17、0x18～0x1F。每个寄存器组包括 8 个 8 位寄存器 R0～R7。可以通过程序状态字 PSW 来选择这些寄存器组。

（2）程序状态字 PSW：程序状态字显示 CPU 的运行状态，可以理解为一个可位寻址的功能寄存器。程序状态字包括进位标志、辅助进位标志、寄存器组选择、溢出标志、奇偶标志等五位，其余两位没有定义，留给用户定义。

（3）ACC 累加器：ACC 是一个累加器，又称为 A 寄存器，主要用于数据累加以及数据的移动。

（4）B 寄存器：B 寄存器的主要功能是配合 A 寄存器进行乘法或除法运算。进行乘法运算时，乘数放在 B 寄存器，运算结果的高 8 位也放在 B 寄存器；进行除法运算时，除数放在 B 寄存器，运算结果的余数也放在 B 寄存器。若不进行乘法或除法运算，B 寄存器也可当作一般寄存器使用。

（5）堆栈指针 SP：在 RAM 中开辟出某个区域用于重要数据的储存，但这个区域中的数据存取方式却和 RAM 中其他区域有着不同的规则，即它必须遵从"先进后出"，或称为"后进先出"的原则，不能无顺序随意存取，这块存储区称为堆栈。在需要把这些数据从栈中取出时，必须先取出最后进栈的数据，而最先进栈的那个数据却要在最后才能被取出。取出数据称为出栈。

　　为了对堆栈中的数据进行操作，还必须有一个堆栈指针 SP。它是一个 8 位寄存器，其作用是指示堆栈中允许进行存取操作的单元，即栈顶地址。堆栈指针 SP 在出栈操作时具有自动减 1 的功能，而在进栈操作时具有自动加 1 的功能，以保证 SP 永远指向栈顶。进栈使用 PUSH 命令。SP 的初始地址是 0x07，再进栈就是 0x08，这是第二组寄存器 R0 的地址。为了更好地利用存储空间，SP 可以初始化到一块没有使用的存储空间。

　　**5. CPU 寄存器和指令集**　　CC2430 的 CPU 寄存器与标准 8051 的 CPU 寄存器相同，包括寄存器 R0~R7、程序状态字 PSW、累加器 ACC、B 寄存器和堆栈指针 SP 等。CC2430 的 CPU 指令集与标准的指令集相同，这里不再详细叙述，读者可以参考标准 8051 指令集及其使用方法。

　　**6. 中断**　　CPU 有 18 个中断源，每个中断源都有它自己的位于一系列特殊功能寄存器中的中断请求标志，中断分别组合为不同的、可以选择的优先级别。

　　（1）中断屏蔽：某些外围设备会因为若干事件产生中断请求，这些中断请求可以作用在 P0、P1、P2 以及 DMA 计数器 1、计数器 3、计数器 4 或者 RF 上。对于每个内部中断源对应的特殊功能寄存器，这些外围设备都有中断屏蔽位。

　　（2）中断处理：当中断发生时，CPU 就指向中断向量，一旦中断服务开始，就只能够被更高优先级的中断打断。中断服务程序由中断指令 RETI 终止，当 RETI 执行时，CPU 将返回到中断发生时的下一条指令。当中断发生时，不管该中断使能或禁止，CPU 都会在中断标志寄存器中设置中断标志位。当中断使能时，首先设置中断标志，然后在下一个指令周期，由硬件强行产生一个 LCALL 指令到对应的向量地址，运行中断服务程序。

　　新中断的响应取决于该中断发生时 CPU 的状态。当 CPU 正在运行的中断服务程序的优先级大于或等于新中断的优先级时，新的中断暂不运行，直至新中断的优先级高于正在运行的中断服务程序的优先级。中断响应的时间取决于当前的指令，最快的为 7 个机器指令周期，其中 1 个机器指令周期用于检测中断，其余 6 个用来执行 LCALL 指令。

　　（3）中断优先级：中断组合为 6 个中断优先组，每组的优先级通过设置寄存器 IP0 和 IP1 来实现。

　　**7. 振荡器和时钟**　　CC2430 有一个内部系统时钟，该时钟的振荡源既可以用 16MHz 高频 *RC* 振荡器，又可以采用 32MHz 晶体振荡器。时钟的控制可以由设置特殊功能寄存器的 CLKCON 字节来实现。系统时钟同时也可以提供给 8051 所有外围设备使用。注意，运行 RF 收发器时，必须使用高精度的晶体振荡器。

# 15.4　CC2430 的外围设备

## 15.4.1　I/O 端口

　　CC2430 包括 3 个 8 位输入/输出端口，分别是 P0、P1、P2。P0 以及 P1 各有 8 个引脚，P2 有 5 个引脚，总共就是 21 个数字 I/O 引脚。这些引脚都可以用于通过的 I/O 端口，同时，通过独立编程，还可以作为特殊功能的输入/输出端口；通过软件设置，还可以改变引脚的输入/输出硬件状态配置。因此，这 21 个 I/O 引脚具有以下功能：

（1）数字输入/输出引脚。

（2）通用 I/O 端口或外围设备的 I/O 端口。

（3）弱上拉输入或推拉输出。

（4）外部中断源输入端口。

这 21 个 I/O 引脚都可以用作外部中断源的输入端口，因此，如果需要，外围部设备可以产生中断。外部中断功能也可以唤醒睡眠模式。每个 I/O 引脚通过独立编程能作为数字输入或数字输出，还可以通过软件设置改变引脚的输入/输出硬件状态配置和硬件功能配置。在应用 I/O 端口前，需要通过不同的特殊功能寄存器对它进行配置。

## 15.4.2　DMA 控制器

CC2430 内置一个存储器直接存取（DMA）控制器。该控制器可以用来减轻 8051CPU 传送数据时的负担，实现 CC2430 在高效利用电源条件下的高性能。只需要 CPU 极少的干预，DMA 控制器就可以将数据从 ADC 或 RF 收发器传送到存储器。DMA 控制器匹配所有的 DMA 传送，确保 DMA 请求和 CPU 存取之间按照优先等级协调、合理地进行。DMA 控制器含有若干可编程设置的 DMA 信道，用来实现存储器—存储器的数据传送。DMA 控制器控制数据传送不超过整个外部数据存储器空间。由于 SFR 寄存器映射到 DMA 存储器空间，使得 DMA 信道的操作能够减轻 CPU 的负担。例如，从存储器传送数据到 USART，按照定下来的周期在 ADC 和存储器之间传送数据；通过从存储器中传送一组参数到 I/O 端口的输出寄存器，产生需要得到的 I/O 波形。使用 DMA 可以保持 CPU 在休眠模式下（即低能耗模式下）与外围设备之间传送数据，这就降低了整个系统的能耗。

DMA 控制器的主要性能如下：

（1）5 个独立的 DMA 信道。

（2）3 个可以配置的 DMA 信道优先级。

（3）31 个可以配置的传送触发事件。

（4）源地址和目标地址的独立控制。

（5）3 种传送模式，即单独传送、数据块传送和重复传送。

（6）支持数据从可变长度域传送到固定长度域。

（7）既可以工作在字（Word – Size）模式，又可以工作在字节（Byte – Size）模式。

## 15.4.3　MAC 定时/计数器

CC2430 包括 4 个定时/计数器：1 个一般的 16 位定时/计数器（Timer1）和 2 个 8 位定时/计数器（Timer3，Timer4），它们能够支持典型的定时/计数功能，例如测量时间间隔，对外部事件计数，产生周期性中断请求，以及输入捕捉、比较输出和 PWM 功能；再有一个就是 16 位 MAC 定时/计数器（Timer2）。由于前 3 个一般定时/计数器与普通的 8051 定时/计数器相差不大，下面我们来重点看看 16 位 MAC 定时/计数器。

16 位 MAC 定时/计数器主要用来为 IEEE802.15.4 的 CSMA – CA 算法提供定时/计数和 802.15.4 的 MAC 层的普通定时。如果 16 位 MAC 定时/计数器与睡眠定时器一起使用，当系统进入低功耗模块时，16 位 MAC 定时/计数器将提供定时功能。当系统进入和退出低功耗模式之前，使用睡眠定时器设置周期。

以下是 16 位 MAC 定时/计数器的主要特征：

（1）16 位 MAC 定时/计数器提供的符码/帧周期为 16μs/320μs。

（2）可变周期可精确到 31.25ns。

（3）8 位计时比较功能。

（4）20 位溢出计数。

（5）20 位溢出计数比较功能。

（6）帧首定界符捕捉功能。

（7）定时器起动/停止同步于外部 32.768kHz 时钟以及由睡眠定时器提供定时。

（8）比较和溢出产生中断。

（9）具有 DMA 功能。

## 15.5　CC2430 的无线模块

基于 IEEE802.15.4 的 CC2430 无线收发模块如图 15-3 所示。无线核心部分是一个 CC2430 射频收发器。CC2430 的无线接收器是一个低中频的接收器。接收到的射频信号通过低噪声放大器放大而正交降频转换到中频。在中频 2MHz 中，当 ADC 模数转换时，输入/正交调相信号被过滤和放大。

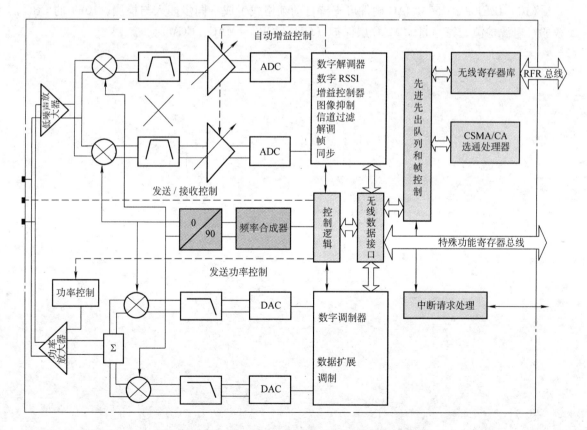

图 15-3　基于 IEEE802.15.4 的 CC2430 无线收发模块

　　CC2430 的数据缓冲区通过先进先出（FIFO）的方式来接收 128bit 数据。使用先进先出读取数据时需要通过特殊功能寄存器接口。内存与先进先出缓冲区数据移动通过 DMA 方式来实现。CRC 校验通过硬件来实现。接收信号强度指标（RSSI）和相关值添加到帧中。在接收模式中，可以用中断来使用清除通道评估（CCA）。

　　CC2430 的发送器基于上变频器。接收数据存放在一个接收先进先出（区别于发送先进先出）的数据缓冲区内。发送数据帧的前导符和开始符由硬件生成。通过数模转换把数字信号转换成模拟信号发送出去。

　　CC2430 无线部分主要参数如下：

　　（1）工作频带范围是 2.400 ~ 2.4835GHz。

　　（2）采用 IEEE802.15.4 规范要求的直接序列扩频方式。

　　（3）数据传送速率达 250kbit/s，碎片速率达 2Mchip/s。

　　（4）采用 O – QPSK 调制方式。

　　（5）高接收灵敏度（– 94dBm）。

　　（6）抗邻频道干扰能力强（39dB）。

　　（7）内部集成有 VCO、LNA、PA 以及电源稳压器。

　　（8）采用低电压供电（2.1 ~ 3.6V）。

　　（9）输出功率编程可控。

　　（10）IEEE802.15.4 MAC 硬件可支持自动帧格式生成、同步插入与检测、10bit 的 CRC 校验、电源检测、完全自动 MAC 层保护（CTR，CBC – MAC，CCM）。

# 参 考 文 献

［1］李朝青，等. 单片机原理及串行外设接口技术［M］. 北京：北京航空航天大学出版社，2008.

［2］沈文斌. 嵌入式硬件系统设计与开发实例详解［M］. 北京：电子工业出版社，2005.

［3］刘乐善. 微型计算机接口技术及应用［M］. 武汉：华中科技大学出版社，2005.

［4］何立民. 单片机高级教程：应用与设计［M］. 北京：北京航空航天大学出版社，2000.

［5］Behrouz A Forouzan. 数据通信与网络［M］. 王嘉桢，等译. 北京：机械工业出版社，2004.

［6］范逸之. 利用 Visual Basic 实现串并行通信技术［M］. 北京：清华大学出版社，2001.

［7］赵建领. 51 单片机开发与应用技术详解［M］. 北京：电子工业出版社，2009.

［8］张俊谟. 单片机中级教程：原理与应用［M］. 北京：北京航空航天大学出版社，2000.

［9］李维提，郭强. 液晶显示应用技术［M］. 北京：电子工业出版社，2002.

［10］王幸之，等. AT89 系列单片机原理与接口技术［M］. 北京：北京航空航天大学出版社，2004.

# 读者信息反馈表

感谢您购买《单片机原理及应用》一书。为了更好地为您服务，有针对性地为您提供图书信息，方便您选购合适图书，我们希望了解您的需求和对我们教材的意见和建议，愿这小小的表格为我们架起一座沟通的桥梁。

| 姓　　名 | | 所在单位名称 | |
|---|---|---|---|
| 性　　别 | | 所从事工作（或专业） | |
| 通信地址 | | 邮　编 | |
| 办公电话 | | 移动电话 | |
| E-mail | | | |

1. 您选择图书时主要考虑的因素：（在相应项前面画√）

（　　）出版社（　　）内容（　　）价格（　　）封面设计（　　）其他

2. 您选择我们图书的途径（在相应项前面画√）

（　　）书目（　　）书店（　　）网站（　　）朋友推介（　　）其他

希望我们与您经常保持联系的方式：

□电子邮件信息　□定期邮寄书目

□通过编辑联络　□定期电话咨询

您关注（或需要）哪些类图书和教材：



您对我社图书出版有哪些意见和建议（可从内容、质量、设计、需求等方面谈）：



您今后是否准备出版相应的教材、图书或专著（请写出出版的专业方向、准备出版的时间、出版社的选择等）：



非常感谢您能抽出宝贵的时间完成这张调查表的填写并回寄给我们，您的意见和建议一经采纳，我们将有礼品回赠。我们愿以真诚的服务回报您对机械工业出版社技能教育分社的关心和支持。

请联系我们——

地　　址：北京市西城区百万庄大街 22 号　机械工业出版社技能教育分社

邮　　编：100037

社长电话（010）88379080　88379083　68329397（带传真）

E-mail：jnfs@ mail. machineinfo. gov. cn